# AI之書

## 圖解人工智慧發展史

柯利弗德‧皮寇弗
(CLIFFORD A. PICKOVER) 著

林柏宏 譯

## Artificial Intelligence:

### An Illustrated History: From Medieval Robots to Neural Networks

人類會想方設法讓機器能夠使用語言、形成抽象思維和概念、解決現在人類還無法解決的問題，而且能自我提升……以當前欲達成的目標來看，人工智慧要克服的挑戰，一般認為是讓機器做到高智商人類能辦到的事。

—— 約翰·麥卡錫（John McCarthy）、馬文·明斯基（Marvin Minsky）、
納撒尼爾·羅切斯特（Nathaniel Rochester）與克勞德·夏農（Claude Shannon）
於「達特茅斯人工智慧夏季研討會提案」（"Proposal for the Dartmouth Summer
Research Project on Artificial Intelligence"），1955 年

人工智慧能駕駛汽車，從事股票和股分交易，觀看 YouTube 影片即可學會複雜的技能，翻譯數十種不同的語言，辨識人臉比我們更準確，還會創建原始假說來促進新藥物的發現，幫助治癒疾病。這些僅僅只是開始。

—— 盧克·多梅爾（Luke Dormehl），
《思維機器》（*Thinking Machines*），2017 年

除非有一天，機器靈光一閃或有感而發，寫出十四行詩或譜出協奏曲，而且這些作品不是隨機拼湊符號而成，不然我們不會承認機器比得上人類的大腦。也就是說，不光是寫出作品，還要能感受創作。

—— 傑佛里·傑佛遜（Geoffrey Jefferson）教授，
〈機械人的思想〉（"The Mind of Mechanical Man"），1949 年

不管我們是由碳還是矽組成，本質差別其實不大；適當的尊重是我們所有成員都應得的。

—— 亞瑟·克拉克（Arthur C. Clarke），
《2010 太空漫遊》（*2010: Odyssey Two*），1984 年

人工智慧從哲學、數學、心理學乃至於神經科學等許多領域湧現，使人類智力、記憶、身心二元論、語言起源、符號推理、資訊處理等觀念的基礎開始受到質疑。就像古老的煉金術士企圖將廉價的卑賤金屬轉化為黃金一樣，人工智慧研究者設法從極微小的矽氧化物中，創造出能夠思考的機器。

—— 丹尼爾·克雷維耶（Daniel Crevier），《AI：波瀾起伏的人工智慧探尋史》
（*AI: The Tumultuous History of the Search for Artificial Intelligence*），1993 年

# 目錄

# 序言

有智慧生物主宰的時期夾在機器統治的漫長時代與早期原始生命體之間，只不過像薄薄的一層銀箔。

——馬丁・芮斯（Martin Rees）二〇一七年四月於對話新聞網（*The Conversation*）的訪談

## 不只是人工智慧

許多人工智慧的尖端技術都已融入了一般應用程式之中，而且通常不叫人工智慧，因為一旦某種東西變得夠實用也夠普遍後，就不再被特別註明是人工智慧了。

——尼克・伯斯特隆（Nick Bostrom），〈超越人腦的人工智慧已就定位〉（"AI Set to Exceed Human Brain Power"），二〇〇六，CNN.com

**在**人類歷史上，心靈的奧祕、思維的本質以及人造生物的可能性令藝術家、科學家、哲學家甚至神學家著迷。神話、藝術、音樂和文學中到處可見關於**自動機械**——為了模仿人類而製作、會動的機械設備——的種種符號和故事。我們對人工智慧（AI）——機器的行為表現彷若擁有心智——的迷戀也反映在賣座電影或電玩遊戲中，主題怪誕詭異或超驗脫俗，題材內容包含了有情感的機器人和我們幾乎無法理解的超高智慧體。

在這本書裡，我們將依隨年代順序踏上這趟主題之旅，從古代遊戲到先進的現代計算方法，這些現代計算技術涉及人工神經網路，可以學習並提高自己的性能，而且通常不太需要為特定任務編寫程式和規則，或可說是根本就不需要。一路上，我們會遇到一些古怪的、令人困惑的神奇事物，例如亞瑟王傳說中的神祕銅騎士，還會遇到法國發明家德・沃康松（Jacques de Vaucanson）的「消化鴨」（Canard Digérateur），這隻風格相當超現實的自動機器鴨在二百五十多年後成了美國作家托馬斯・品欽（Thomas Pynchon）寫歷史小說《梅森與迪克森》（*Mason & Dixon*）的靈感來源，並啟發了十三世紀的加泰羅尼亞哲學家拉蒙・柳利（Ramon Llull）率先思索一種有系統的方法，企圖使用機械裝置以人為方式來產生概念想法。再快轉到一八九三年，我們會讀到《威力鮑勃之暗黑大鴕鳥》（*Electric Bob's Big Black Ostrich*），這個古怪有趣的故事與《草原上的蒸汽動力人》（*The Steam Man of the Prairies*）系列都是蒸汽龐克風潮的著名代表，反映了維多利亞時代對所有機械玩意的熱愛。

來到與今日較近的時代，我們會與 IBM 科學家亞瑟・薩繆爾（Arthur

Samuel）碰面，他在一九五二年製作出最早用於玩跳棋的電腦程式之一，隨後在一九五五年研發了一種不需外力介入就**學會**玩遊戲的程式。如今，**人工智慧**一詞通常是指能學習、解決問題，並使用自然語言處理技術與人類互動的系統。像是亞馬遜的 Alexa、蘋果的 Siri 和微軟的 Cortana 這類智慧個人助理，都呈現出人工智慧的某些面向。

我們也會談到一些引人思索、與使用人工智慧的道德考量有關的議題，甚至討論到一旦人工智慧的超高智商變得有威脅性，要將高級人工智慧體置於「完全密閉」的箱子與外界隔離有多麼困難。當然，人工智慧的界限和格局會隨著時間變化，一些專家做出了更廣義的解釋，使它們包含一系列用來幫助人類進行認知工作的科技。為了更深入了解人工智慧的歷史，我還列入了幾種設備或機器，它們能解決通常來說需要人類思考和計算的問題，包括算盤、安提基特拉機械（Antikythera mechanism，西元前一二五年）、ENIAC（一九四六年）等。畢竟如果沒有這些早期技術，現在就不會出現先進的西洋棋遊戲軟體和自動駕駛汽車系統。

當您閱讀本書時，請記住，即使某些關於人造生物的古老想像或預測讓人感覺天馬行空，但是一旦出現更快、更先進的電腦硬體，實現這些古舊想法很可能就突然變得可行了。人類的科技預測，甚至包括神話故事，至少是人類理解力和創造力的有趣雛型，也讓我們知道如何跨越各種文化和時空限制互相了解，知道人們認為什麼事物對於社會才

是神聖或有益的。不過，即使我們讚揚人類的想像力和創造力，關注意外的後果（包括人工智慧的潛在危險）同樣至關重要。正如理論物理學家史蒂芬·霍金二〇一四年接受 BBC 採訪時所說：「全能人工智慧的發展可能標誌著人類的終結……它會自行一飛沖天，以不斷增長的速度重新改造自己。」換句話說，人工智慧體或許會聰明能幹到有辦法不斷提高自身水準，進而創造出一種超級智能，而這可能為人類帶來巨大風險。這種失控的技術增長，有時又稱為**科技奇點**（technological singularity），可能對人類文明、社會和生活造成無法想像的變化。

因此，儘管人工智慧可能帶來的好處確實不少，從自動駕駛汽車、高效率業務流程，甚至在無數領域都可成為好幫手，但在開發自動武器系統時，人類必須格外謹慎，並避免過度依賴機制背後有時難以理解的人工智慧技術。例如，有研究顯示，只要對圖像做些肉眼無法察覺的修改，就能輕鬆「誤導」某些人工智慧（神經網路）識圖系統，讓它們將動物看成步槍，或將飛機的圖像誤認為狗。如果恐怖分子有辦法使購物中心或醫院在無人機系統中看起來像是軍事目標，後果將會很可怕。另一方面，也許具備適當感測器和道德守則的武裝機器能夠減少平民傷亡。我們需要制訂明智周全的政策，確保人工智慧的潛在危險不會使其驚人的優點相形失色。

隨著我們愈來愈信任具有許多複雜深度學習神經網路的人工智慧，一個有

趣的研究領域企圖開發能夠向人類**解釋**人工智慧如何做出某些決定的人工智慧系統。不過，迫使人工智慧說明自己的原理可能會削弱它們的能力，至少某些應用程式的情況是如此。這類機器創造出來的現實模型，許多可能比人類有辦法理解的還深奧複雜得多。人工智慧專家大衛・岡寧（David Gunning）甚至認為，性能最強的系統將是最難以解析的。

## 本書架構與主旨

**我**長期以來對運算和不同科學領域的中間地帶這類主題深感興趣，寫這本書的目的是想為廣大讀者提供簡要指南，介紹人工智慧發展史上新奇和重要的實際觀念，**人工智慧**這個詞直到一九五五年才由電腦科學家約翰・麥卡錫（John McCarthy）創造出來。書中每一條目的說明只有數段文字，讀者可以隨意從任何感興趣的主題開始讀，無需耐著性子翻找。當然，這意味著我無法深入講解某個主題，若想進一步閱讀，或是查找引文或引文作者的身分背景，建議翻閱書末的「參考資料」。

本書討論內容涉及哲學、流行文化、電腦科學、社會學和神學等廣泛的研究領域，書中條目還包括一些我個人特別感興趣的主題。事實上，我年輕時就迷上了佳莎・理查茲特（Jasia Reichardt）一九六八年出版的《數位神經機緣：電腦與藝術》（*Cybernetic Serendipity: the Computer and the Arts*）。這本書的特色在於電腦生成的詩歌、繪畫、音樂、圖形等。人工智慧專家在藝術領域取得的巨大突破尤其讓我著迷，他們使用生成對抗網路產生模擬人臉、花朵和鳥類的圖像，效果令人驚嘆，宛如相片般逼真。生成對抗網路利用彼此相對的兩個神經網路，一個網路產生點子和模式，另一個網路判斷結果。

如今，人工智慧的應用範圍似乎是無限的，每年有數十億美元投入於人工智慧的開發。人工智慧技術已被用來解密梵蒂岡的祕密檔案，以解譯這龐大歷史收藏中複雜的手寫文字。人工智慧也被用來預測地震、解讀醫學圖像、翻譯語音，以及依據醫院電子健康紀錄的病患資訊預測死亡時間。已有人採用人工智慧來產生笑話、數學定理、美國專利、遊戲和謎題、天線的創新設計、新的塗漆顏色、新的香氛氣味等。當今日許多人對著手機和其他設備通話時，我們與機器的關係將來只會變得更加親密和人性化。

本書內容根據與重大事件、出版物或研究發現相關的年分，按時間順序來編排，決定書中條目的時間點有點主觀。有些年代只是大概的估計；只要有辦法，我都會為所採用的時間標示給出理由。

您還會注意到，一九五〇年以後的條目數量相當多。《AI：波瀾起伏的人工智慧探尋史》作者丹尼爾・克雷維耶指出，在一九六〇年代，「人工智慧百花齊放。人工智慧研究人員將他們新的程式語言技術應用於許多問題，儘管這些問題確實存在，但已被仔細簡化過了，部分是為了區隔出待解決的問題，

另一部分是為了適應當時電腦極有限的記憶體容量。」

意識的奧祕、人工智慧的極限以及思維的本質將在未來幾年中得到研究，實際上早在古代就已引起人們的興趣。作家潘蜜拉·麥可杜克（Pamela McCorduck）在《會思考的機器》（*Machines Who Think*）一書中指出，人工智慧始於一個古老的願望，即「自造神祇」（"forge the gods"）。

未來人工智慧領域的新知將是人類最大的成就之一。人工智慧的故事不僅與我們如何塑造未來有關，還與人類將如何與周圍不斷加速增長的智力和創造力互相融合有關。從現在算起，一百年後「人類」將意指什麼？當人工智慧中介代勞的服務愈來愈多，社會將變成什麼樣子？人們的工作將受到什麼影響？我們會愛上機器人嗎？

如果現在關於錄用人選、約會對象、獲假釋的人、潛在的精神病患，以及如何自動駕駛汽車和無人機，都已經用人工智慧方法和模型來幫忙做決定，那麼未來的人工智慧對我們的生活還會握有多大的控制？當人工智慧為我們做更多決策，人工智慧各組件裝置是否也容易受騙而導致嚴重錯誤？某些機器學習演算法和架構比其他機器學習演算法和架構更有效，人工智慧研究人員該如何更加了解其原因，同時又使彼此的成果和實驗更容易複製重現？

此外，我們如何確保人工智慧驅動的設備在運作時合乎道德，而機器會具有與人類相同的精神狀態和感覺呢？毫無疑問地，人工智慧機器將幫助我們發想新思維並夢想新的願景，延伸增強我們軟弱的大腦。對我而言，人工智慧使得人們對思想的局限性、人類的未來以及在我們稱之為家的廣闊時空中自身所處的地位，產生了無止境的好奇與懷疑。

# 井字棋

關於「三個相同符號連線」遊戲最早的雛型，考古學家可追溯至西元前一千三百年的古埃及。井字棋（tic-tac-toe [TTT]，又譯「圈圈叉叉」）會有兩名玩家，分持 O 與 X 符號，輪流在 3×3 的九宮格中填入符號，率先以三個相同符號占格連成一水平線、垂直線或對角線的玩家就贏得該局。

井字棋之所以列入本書，是因為追索井字棋的遊戲樹（在樹狀圖中，節點是賽局裡的位置，邊線代表所走的棋步）發展很簡單，讓它經常成為種種人工智慧與電腦程式的初步試驗。井字棋是一種資訊完全賽局，每一位參與的玩家對已走過的所有棋步都很清楚。它同時也是一種非隨機的序列賽局，玩家輪流下棋，不須擲骰子做決定。

若將井字棋視為「基本原子」，經過數百年的拼組演變，它已發展出許多種如高階分子般的占位遊戲。只要稍稍加以變化，簡單的井字棋就會變得吸引人又有挑戰性，得花上相當長的時間鑽研才能成為箇中高手。數學家與解謎狂將井字棋擴展至更廣圖面、更高維度，以及奇怪異常的遊戲平面，例如以邊緣相接的矩形或方形平面，形成圓環面（狀如甜甜圈）或克萊因瓶（僅有單邊、無法區別內外的表面）。

來瞧瞧井字棋的特性吧。代表 O 方與 X 方的兩位玩家若填滿井字棋盤，總共可產生 $9! = 362880$ 種不同的排列方式；若限定只能移動五、六、七、八和九步就結束遊戲，會產生 255,168 種可能的棋局組合。一九六〇年，MENACE 人工智慧系統（結合彩色玻璃珠和火柴盒的新奇玩意兒）利用強化學習學會玩井字棋。一九八〇年代初期，電腦天才丹尼·希利斯（Danny Hillis）、布萊恩·席維文（Brian Silverman）與他們的朋友打造了一部井字棋機，是由上萬塊 Tinkertoy 積木零件組成的 Tinkertoy® 電腦。一九九八年，多倫多大學的研究人員和在校生一起製作出能與人類在 4×4×4 三度空間對弈井字棋的機器人。

**另可參考**

---

要使井字棋變得更有挑戰性，可將 3×3 的方格遊戲擴展到更高維度、更大的陣列規模，如 4×4×4，並加入重力因素的設定，使每片符號子都會落向底部的對應空隙。

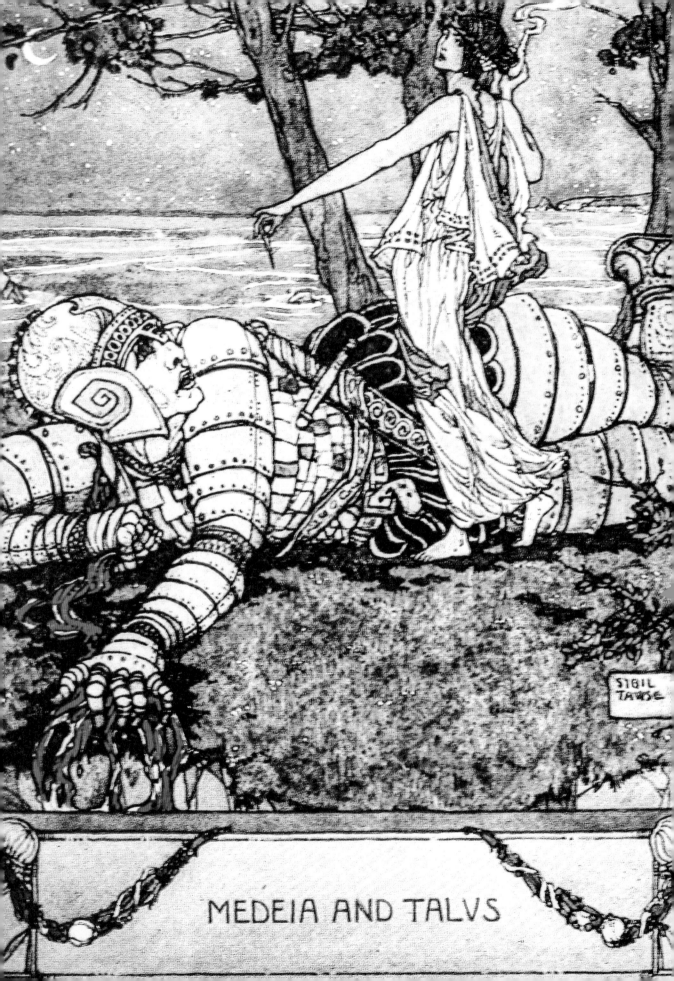

MEDEIA AND TALVS

# 塔羅斯

**作**家布萊恩·霍頓（Brian Haughton）寫道：「因為《傑遜王子戰群妖》（*Jason and the Argonauts*）這部一九六三年的電影所呈現的青銅巨人，許多人對塔羅斯（Talos）的形象都不陌生……不過，這角色的原型從何而來，它會不會是史上第一具機器人呢？」

根據希臘神話，塔羅斯是一部巨大的青銅製自動機械，負責保護克里特島上米諾斯（Minos of Crete）之王的母親歐羅芭（Europa）免受入侵者、海盜和其他敵人的侵害。塔羅斯被設定每天要繞克里特島三圈，在海岸進行巡邏偵察。它阻擋敵人的方法之一是投擲巨石。有時候，這巨型機器人會跳入火中，直到軀體火紅發熱，再撲抱敵人將對方燒死。塔羅斯有時被描繪成有翅膀的生物，在大約西元前三百年的克里特島斐斯托斯（Phaistos）硬幣上可發現這種圖樣。其他在花瓶上的塔羅斯繪畫可追溯到西元前四百年左右。

關於塔羅斯的製造與毀滅，歷來有各種解釋。在神話中，它是赫菲斯托斯（Hephaestus）——主司金工、冶金、火焰、打鐵和其他工藝的希臘之神——應宙斯的要求而製造的。由於塔羅斯是自動機械，所以內部結構不如人類複雜；它只有一條血脈，從脖子通到腳踝。腳踝處有青銅釘密封此血管，防止其滲漏。在一則傳說中，女巫米狄亞召來死靈驅使塔羅斯發狂，讓它的栓塞銅釘脫落，靈液（即驅動它的聖血）「有如熔融鉛液」般自塔羅斯體內汩汩流出，它因此身亡。

塔羅斯只是呈現古希臘人如何看待機器人和其他自動機械的其中一例。再來看看數學家阿奇塔斯（Arcytas，西元前 428-347）的作品，他很可能已經設計並製造出一種由蒸汽驅動的自動機械，機器外型是一隻自有動力的飛鳥，被稱為「鴿子」（The Pigeon）。

**另可參考**

---

托馬斯·布芬奇（Thomas Bulfinch）的《神與英雄的故事》（*Stories of Gods and Heroes*，1920）一書中描繪的塔羅斯，由英國藝術家西比爾·塔司（Sybil Tawse，1886-1971）繪製。

# 亞里斯多德的《工具論》

希臘哲學家亞里斯多德（Aristotle，西元前 384-322）一生中涉獵了諸多影響力巨大的主題，這些領域至今仍是人工智慧研究人員深感興趣的。亞里斯多德曾在他的《政治學》（*Politics*）一書中推測，自動機器有朝一日可以取代人類奴隸：「我們可以想像，只有在一種情況下，管理者不需要下屬，而主人不需要奴隸。這種情況便是，每種工具都可以按照指令或透過理智的預期而自動完成工作，例如戴德勒斯（Daedalus）的雕像或赫菲斯托斯製作的三腳架，荷馬這樣描述它們，『它們自己動了起來，走進奧林匹斯山上眾神的行列』，就像是織布梭子應該自行編織，弦撥應該自行彈奏豎琴一樣。」

亞里斯多德也開創了邏輯的系統研究。在他的《工具論》（*Organon*，原意為樂器）一書中，提供了如何探研真相及理解世界的方法。亞里斯多德工具包中的主要工具是三段論（syllogism），也就是分成三步驟的論證方式，例如「所有女人都是凡人；埃及豔后是女人；因此埃及豔后是凡人」。如果兩個前提都成立，我們就知道結論必為真。亞里斯多德也區分了個別性和共通性（即普遍類別）。埃及豔后是一個別指稱，女人和凡人則是普遍泛稱。使用泛稱時，前面會帶有「全部」、「某些」或「沒有」等詞。亞里斯多德分析了許多三段論的可能例子，並指出其中哪些是成立的。

亞里斯多德將他的分析擴展到涉及模態邏輯的三段論，也就是所分析的陳述中包含了可能或必然這些詞。現代數學邏輯從亞里斯多德的方法論出發，也將他的研究擴展到其他類型的句子結構中，包括表示關係更複雜與涉及一個以上量詞的句子結構，如以下這句：「沒人喜歡任何討厭某些人的人。」（No men like all men who dislike some men.）無論如何，亞里斯多德對邏輯的深入研究被認為是人類最偉大的成就之一，早早為數學和人工智慧的許多發展提供了驅動力。

**另可參考**

- 約西元前 400 年　塔羅斯　P.3
- 1854 年　布爾代數　P.47
- 1965 年　模糊邏輯　P.113

---

這尊令人印象深刻的亞里斯多德半身像是一件羅馬時代的複製品，原件為西元前四世紀的希臘雕塑家留西波斯（Lysippos）創作的青銅雕塑。

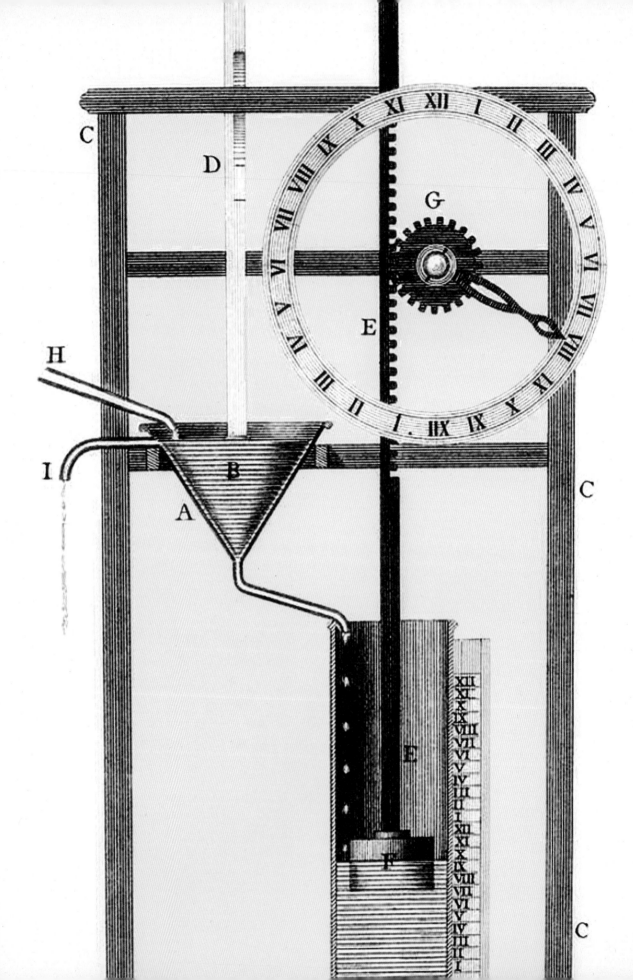

# 克特西比烏斯的水鐘

記者盧克・多梅爾（Luke Dormehl）說，「克特西比烏斯水鐘的重要性在於，它使我們對人造器物的能耐徹底改觀。在克特西比烏斯的水鐘出現前，大家認為只有生物才能順應環境變化來調整自身行為，水鐘出現後，自動調節的回饋控制系統已屬於人類科技的產物。」

在埃及的亞歷山卓（Alexandria），希臘發明家克特西比烏斯（Ktesibios，又稱特西比烏斯〔Tesibius〕，活躍於西元前285-222）以發明裝置而聞名，如幫浦與液壓裝置。他發明的水鐘或稱漏壺（clepsydra，意即「漏水小偷」）更是特別受關注，因為它的調節器利用回饋控制浮子的形式，保持恆定的水流量，從而使其計時器能夠依據接收容器中的水位來判定、給出合理的時間估計值。在克特西比烏斯設計的其中一個水鐘裡，時間單位標記在一圓柱上，有個人像會隨著蓄水槽水位變化而上升並指向圓柱上的標記。根據一些記載，這個人像還搭配了其他機器裝置，例如轉動支柱、掉落的石頭或雞蛋，以及類似喇叭的聲音。克特西比烏斯的漏壺被用來安排與分配議會發言時間，也被用來限制雅典妓院裡的客人能停留多久。

克特西比烏斯很可能是亞歷山卓博物院（Museum of Alexandria）的首任院長，該博物院包含了亞歷山卓圖書館，並吸引了希臘化世界的頂尖學者。儘管他特殊的漏壺設計名聲頗為響亮，但在古代的中國、印度、巴比倫、埃及、波斯和其他地區，其實也曾打造原理相近的水鐘。據記載，克特西比烏斯還發明過一個怪誕的機器人神像，並在遊行隊伍中（例如著名的托勒密二世盛典大遊行〔Grand Procession parade of Ptolemy Philadelphus〕）大出風頭。藉由可能與推車運行連動在一起的凸輪（一種非圓形的輪子，能將圓周運動轉換為線性運動）旋轉，機器人能夠站起又坐下。

**另可參考**

- 1206 年　加札里的機器人　P.13
- 約 1300 年　埃丹機械莊園　P.17
- 約 1495 年　達文西的機械武士　P.23

---

此處的水鐘未顯示出克特西比烏斯水鐘的所有功能，不過提供了關於這種裝置如何運作的說明。引用自一八二〇年亞伯拉罕・李斯（Abraham Rees）撰寫的《藝術、科學和文學百科全書或通用詞典》（*The Cyclopaedia or Universal Dictionary of Arts, Sciences and Literature*）。

# 計算板／算盤

約西元前一百九十年

「**人**工智慧始於曆法和計算板（abacus），能幫助人們進行認知的任何技術都算是人工智慧。從這個角度來看，曆書是人工智慧物件。它為我們的記憶做補充或替換。同樣地，計算板也是人工智慧……我們不需要在腦子裡做複雜計算。」工程師兼作家傑夫‧克里梅爾（Jeff Krimmel）寫道。

有證據顯示，早在古代的美索不達米亞和埃及已有用於執行計算的器具，現存最古老的計數板則可追溯到西元前三百年左右、希臘的薩拉米計算板（Salamis Tablet），一種有好幾組平行線標記的大理石板。其他的古代計數板通常是木頭、金屬或石頭製，刻有讓珠子或石頭在其中移動的線條或凹槽。

西元一〇〇〇年左右，阿茲堤克人發明了「尼波瓦爾欽欽」（nepohualtzintzin，超級粉絲為它取的名字是「阿茲堤克電腦」），這是一種類似算盤的設備，利用架在木框中的穿線玉米粒來幫助操作者進行計算。現代的計算板包含了沿桿子滑動的珠子，歷史至少可以追溯到西元一九〇年，在中國被稱為算盤，在日本被稱為そろばん（soroban）。

從某種意義上說，算盤可被視為計算機的祖先。與計算機一樣，算盤也是一種工具，讓人們能在商業和工程領域進行快速計算。儘管設計略有不同，但算盤仍在中國、日本、部分前蘇聯地區和非洲使用。儘管算盤通常用於快速加減運算，但有經驗的操作者仍可快速進行乘法、除法和平方根的計算。一九四六年在東京舉行過一次算術競賽，由一名日本算盤操作者與一名使用電子計算機的人員比賽，針對幾道算術問題，看看哪種方式較快得出答案。在大多數情況下，日本算盤操作都勝過電子計算機。

算盤是如此重要，因此福布斯新聞平臺（Forbes.com）的讀者、編輯和專家小組在二〇〇五年將算盤列為有史以來對人類文明影響最重要的工具第二名。名單上的第一名和第三名分別是刀具和指南針。

**另可參考**
- 約西元前 125 年　安提基特拉機械　P.11
- 1822 年　查爾斯‧巴貝奇的機械計算機　P.43
- 1946 年　ENIAC　P.79

---

計算板對人類文明產生了巨大影響。數百年來，這種裝置一直是人們在商業和工程領域中進行快速計算的工具。歐洲人在採行印度－阿拉伯數字系統之前就已開始使用計算板。

# 安提基特拉機械

心理學家亞倫·加翰（Alan Garnham）曾在《人工智慧》（*Artificial Intelligence*）一書中討論安提基特拉機械（Antikythera mechanism），並且點出：「人們試圖製造機器來分擔智力活動中單調繁瑣的部分，同時又可消除其中容易發生的一些錯誤，也許這就是推動人類的研究導向人工智慧的主力。」

安提基特拉機械是一件傳動機械計算器，功用是估算天體運行的位置。一般認為這部機器製作於西元前一百五十年到一百年，並於一九〇〇年前後由一群採集海綿的潛水夫在希臘安提基特拉島（Antikythera）附近的沉船遺骸中打撈出來。科學記者喬·墨黔（Jo Marchant）如此描述：「這批被打撈出來的物件隨後被運往雅典，當中有一塊形狀不明的岩石最初沒什麼人留意，直到它裂開，露出裡面的青銅齒輪、指針和微細的希臘銘文……一臺精密的機械裝置，由精確切割的錶盤、指針和至少三十個互相鎖扣的齒輪組成。根據歷史紀錄，接下來一千多年裡，再也沒有出現過如此複雜的機械裝置，直到中世紀歐洲開始研發天文鐘。」

此裝置的正面轉盤上可能配置了至少三臂，一支指示日期，另外兩支標示太陽和月亮的位置。它可能還用於追蹤古代奧運的日期、預測日食並標示出其他行星的運動。

這部以月亮為基準的儀器使用特殊的連動銅製齒輪組，其中兩組齒輪與稍微偏移的軸鏈接在一起，以指示月球的位置和月相。正如我們現在依據克卜勒行星運動定律所得知的，月球繞地球運行時是以不同的速度行進（離地球近時速度較快），而安提基特拉機械能模擬這種速度差，即使古希臘人並不知道月球軌道的實際橢圓形狀。墨黔寫道：「扭動盒子上的手柄，你就可以讓時間向前或向後移動，今天、明天、上個星期二或未來一百年的宇宙眾星狀態都一目瞭然。擁有此裝置的人一定感覺自己像是星空的主人。」

## 另可參考

- 約西元前 250 年　克特西比烏斯的水鐘　P.7
- 約西元前 190 年　計算板／算盤　P.9
- 1822 年　查爾斯·巴貝奇的機械計算機　P.43

安提基特拉機械的現代復刻版，可看到齒輪組與曲柄把手。

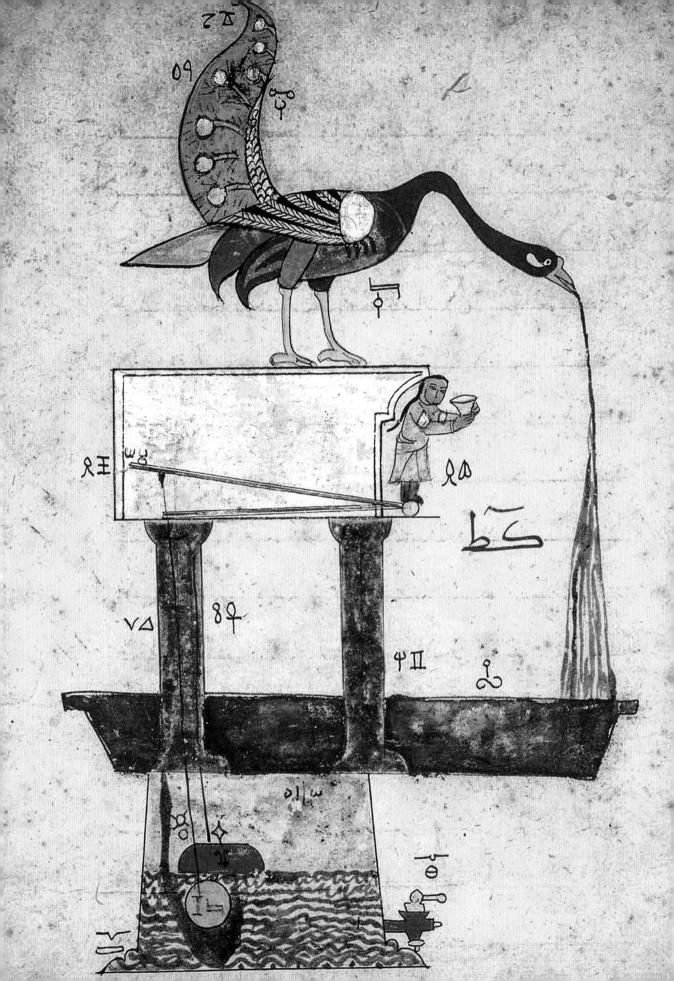

# 加札里的機器人

身兼發明家、藝術家與機械工程師的博學之士伊斯麥爾·加札里（Ismail al-Jazari，1136-1206）生活在伊斯蘭黃金時代最盛期，他追隨父親，在位於安納托利亞（今日土耳其的迪亞巴克爾〔Diyarbakır〕）的阿圖克魯王宮（Artuklu Palace）擔任首席工程師。加札里的著作《機械巧藝的知識》（*Book of Knowledge of Ingenious Mechanical Devices*）是雇用他的王室要求他撰寫的，發表於加札里去世那年，書裡有相當多他製造的機器裝置相關說明，包括了活動的機器人與機器動物，以及抽水設備、噴泉與時鐘。這些研發設計使用了曲軸、凸輪軸、擒縱輪、扇形齒輪等精細複雜的零件。

加札里創作的自動機器包括了水力驅動的自走孔雀、呈送飲料的女侍，以及由四具機器人組成的樂隊，這支小樂隊待在一艘小舟上，表情由旋轉軸控制變化。一些研究人員推測，機械樂手的運動方式可能是可以預先編寫設定的，也意味著更高超的技術水準。加札里的大象鐘上有個人形機器人，固定每隔一段時間就會敲響鈸，鐘上還有一隻機械鳥，每當劃線人偶旋轉並用筆標記出時間，它便隨著鳴叫。加札里製作的城堡時鐘則有三·四公尺高，上面有五名機器人演奏家。

英國工程師和歷史學家唐納德·R·希爾（Donald R. Hill，1922-1994）曾將加札里的著作翻譯成英文，因而名聲大噪，他認為：「加札里的作品在工程史上的重要性絕對不容忽視。在現代文明之前，沒有任何高度文明地區出現過類似這樣能夠說明並指導如何設計、製造和組裝機器的文件。這種情況肯定多半是因為創製工匠和書寫作者之間的社會和文化鴻溝。當目不識丁的工匠製造了機器，而某位學者為文描述該機器時，他通常只對成品感興趣，既不了解也不關心那一片雜七雜八的構造配置。……我們今日能讀到這份絕無僅有的文件，得大大感謝〔加札里的雇主〕。」

**另可參考**

- 約西元前 250 年　克特西比烏斯的水鐘　P.7
- 約 1300 年　埃丹機械莊園　P.17
- 1352 年　宗教用的自動機器　P.21
- 1774 年　雅克－德羅的機器人　P.37

---

一個精巧的孔雀水盆，出自加札里《機械巧藝的知識》（繪於紙上，使用不透明水彩、金箔和墨水）。

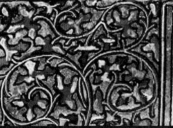

ors se seigne et entra dedans li
mist le sci deuant son vis car il
ny veoit goute fors parmi une
bace dim huis moult loïg dont

# 蘭斯洛特的銅騎士

**在**中世紀歐洲，以機械人和機械生物面貌出現的簡單人工智慧實例已變得相當普遍，正如歷史學家依麗·楚伊特（Elly Truitt）所言：「黃金鳥獸、音樂噴泉和機器僕人使客人感到驚奇與恐懼。……自動機械是自然知識（包括魔法）和技術交匯的產物，而且……令人不無憂心地連結了巧藝與自然。」古代文學所述的器具裝置有真實也有虛構的，讓人一窺「科學、技術和想像力相互依存的結果」，並為此驚嘆不已。

關於想像的中世紀機器人，其中一個著名例子可見於《湖之騎士蘭斯洛特》（*Lancelot du lac*，約 1220），這個古老的法國散文體故事講述亞瑟王和圓桌武士的冒險經歷，包括蘭斯洛特爵士與亞瑟王之妻瑰妮維兒的祕密情愛故事。某日，蘭斯洛特來到受詛咒的可怕城堡多洛勒斯加德，遭遇到一小支銅製機械騎士部隊。進入城堡後，他擊敗了另外兩個持劍的銅騎士，這兩個銅騎士守護著一個房間，房內有個銅少女手持能破解詛咒的鑰匙。蘭斯洛特用鑰匙打開一個盒子，裡面裝有三十根銅管，從中傳出可怕的哭聲，讓他很快就昏睡了過去。醒來後，蘭斯洛特發現銅少女已經倒在地上，銅騎士都被擊碎了。

歷史學家潔西卡·蘿斯金（Jessica Riskin）寫道：「亞瑟王傳奇的機械騎士和機械少女伴隨著金、銀、銅製的孩童、羊男、弓箭手、樂手，神諭使者和巨人。這些虛構的人造生物在現實世界中有很多對應物。中世紀晚期和現代早期，真實的機械人和機械動物正在歐洲各地源源不絕地產生。」舉例來說，大約在蘭斯洛特與銅騎士的故事出現的時期，法國藝術家與工程師比利亞·德·洪內庫特（Villard de Honnecourt，約 1225-1250）創造了一隻機械鷹，這隻機械鷹經過特殊設計，當教堂執事宣讀福音書時，鷹頭就會轉向執事。蘿斯金指出，這些栩栩如生的自動器械為出現於十七世紀、視生物為機器的科學和哲學模型提供了發展背景。

**另可參考**

- 約西元前 400 年　塔羅斯　P.3
- 約 1300 年　埃丹機械莊園　P.17
- 約 1495 年　達文西的機械武士　P.23
- 1907 年　TIK-TOK　P.59

---

為了進入多洛勒斯加德城堡，蘭斯洛特與機器銅騎士交鋒作戰。人形機器騎士常常被描繪成不著衣衫。（摘自十五世紀的法國圖書《湖之騎士蘭斯洛特》，來自巴黎的法國國家圖書館〔MS Fr. 118, fol. 200v〕）

Ar elle nest
ferme nestible.
Juste loyal
ne ueritable.
Quant on laude
charitable.
Elle est auere.
Dure diuerse espouantable.

Traistre poignat deceuable.
Et quat oula aude aimable.
lors est amere.
Car la soit ce quaue apre
Douce con miel vraie com mere.
La pointure dune vipere.
Quest mortable.
En riens ali ne se compere.

# 埃丹機械莊園

約莫從一三〇〇年開始，位於法國東北部的埃丹莊園就漸漸變成了齊聚人像與動物擬仿器物的名所。埃丹裡的自動機器包括機器人、機器猴、機器鳥類和計時設備。最早的埃丹機器是阿圖瓦伯爵羅伯特二世（Robert II, Count of Artois，1250-1302）下令製造的。舉幾項為例，其中有一座橋，橋上有六組身披獵皮毛因此看起來很逼真的機械猴子。一顆機械野豬頭裝飾在亭子的牆上。羅伯特過世後，其女瑪哈特（Mahaut，1268-1329）贊助創新發明，繼續維護父親的「娛樂發動機」。例如，一三一二年，猴子換上新皮毛，頭上還加了角，看起來彷如惡魔。

自動機械莊園的想法可能源於伊斯蘭文化及其工程師，還有法國浪漫文學描寫過的自動機器。歷史學家史考特·萊特西（Scott Lightsey）寫道：「埃丹莊園在歐洲人認知的人造奇蹟中有著極重要的地位，正表明了這種新的奇觀風潮正在取代超自然的意外事件，成為貴族生活雅趣的追逐重點。……由於技術革新，貴族們甚至能夠在自家的精緻大廳和遊樂花園中，重新上演浪漫的傳統神怪題材。」

埃丹莊園裡頭的建置持續多年，各種機械奇景都進行了升級，包括會與圍觀者交談的木製隱士、會說話的貓頭鷹和附帶有機械鳥的噴泉。揮手的猴子和其他自動機器的運作原理，極可能是透過帶有發條與／或液壓裝置的重量驅動機制。

從這些機器設施中，參觀者能夠瞥見自動化將變得更普遍的未來景象。正如歷史學家西爾維奧·貝迪尼（Silvio A. Bedini）所說：「自動機械在科技進展中的作用是……相當重要的。為了以機械手段模仿生命機能所做的努力，促進了機械原理的發展，並導致複雜機器結構的誕生，進而達成科技研發最初始的目標——減少或簡化體力勞動。」

**另可參考**

- 約西元前 250 年　克特西比烏斯的水鐘　P.7
- 1206 年　加札里的機器人　P.13
- 約 1220 年　蘭斯洛特的銅騎士　P.15
- 1352 年　宗教用的自動機器　P.21
- 1738 年　德·沃康松的自動便便鴨　P.33
- 1774 年　雅克－德羅的機器人　P.37

埃丹莊園。上圖描繪圍牆內的花園。下圖的齒輪圖像將財富擬人化，正在轉動的機器可能呈現了莊園裡的自動機器樣貌。（取自紀堯姆·德·馬考特〔Guillaume de Machaut〕的《致富良方》〔*Le remede de fortune*〕，約 1350-1356 年。巴黎的法國國家圖書館〔BnF, MS Fr. 1586, fol. 30v.〕）

# 拉蒙・柳利的《偉大之術》

「**夢**想啟動了對人工智慧的追求——所有的追求皆如此，」電腦科學家尼爾斯・尼爾森（Nils Nilsson）寫道，「長久以來，人們幻想著機器能夠完成人類能做的事，像是會移動的自動機器與會推理思考的設備。」史上最早出現的人工智慧機器之一便是柳利邏輯機（the Lullian Circle）

　　加泰羅尼亞哲學家拉蒙・柳利（Ramon Llull，約 1232-1315）在著作《偉大之術》（*Ars Magna [The Great Art]*，約 1305）中收錄了由數個旋轉同心圓組成的紙質構造，字母與文字繞著這些環寫在圓周上。此結構與機械鎖非常相似，字母與文字之間以奇異的方式連結，使這些排列組合能不停產生全新觀念，探討邏輯推演。數學作家馬丁・加德納（Martin Gardner）寫道：「這是形式邏輯史上最早試圖利用幾何圖表來求致**非數學真理**，也是首次嘗試使用機械設備——原始邏輯機器——來輔助邏輯系統運作。」

　　柳利的組構式創造力（combinatorial creativity）生產裝置示範了人類早期如何「使用邏輯方法生產知識」，作家喬爾基・達拉科夫（Georgi Dalakov）表示，「柳利的方法極為基本但實際可行，他展示了人類的思想能夠以一套

設備描摹甚至仿製。這是邁向思維機器的一小步。」想像一下，柳利坐在燭光下的桌前，推動轉盤將字詞組合起來。若是如作家克里斯蒂娜・馬德傑（Krystina Madej）所說，柳利相信「這將揭示更高深的知識，將為宗教與創世的相關問題提供有條不紊的解答。……〔他試圖〕藉由這些組合裝置探究真理並產生新的論證。」

　　柳利的創作為萊布尼茲（Gottfried Leibniz，1646-1716）帶來靈感，促使這位德國的博學通才和微積分共同奠基者研究形式邏輯，並發明了「腳踏式轉輪計數器」（stepped reckoner）。數據專家喬納森・格雷（Jonathan Gray）教授曾在文章中指出：「柳利與萊布尼茲那既深奧又詭奇的組合思想已從最初的涓涓細流蔚為汪洋，成為如今交織在世界網絡中、無處不在的種種演算技術、運作和理想——其更廣泛的後果還繼續在我們周圍展露……無論該機器運作的方式是否和我們想像的一樣。」

**另可參考**

- 1726 年　拉格多城的書寫機器　P.31
- 1821 年　機算創造力　P.41
- 1968 年　《數位神經機緣》　P.121

---

《偉大之術》書中的一組轉盤與組合方式。（取自 *Illuminati sacre pagine p. fessoris amplissimi magistri Raymundi Lull*, 1517）

# 宗教用的自動機器

在中世紀晚期和近代早期，歐洲出現了與天主教會有關的各種自動機械，從機器人形信徒到能發出怪叫還會吐舌頭的機械魔鬼與撒旦等，十五世紀英國肯特郡（Kent）博克斯雷修道院（Boxley Abbey）裡那具「神恩十字架」（Rood of Grace）便是其中之一。這是一具有著耶穌外形的機器人偶，眼睛、嘴唇與其他一些部位都會動。到了十五世紀晚期，天使樣貌的自動機械與搬演《聖經》故事的自動機具益發普遍。關於此事，歷史學家潔西卡·蘿斯金如此述說：「自動機械在當時已習以為常，起初在教會場所和大教堂，並從那裡傳播開來。耶穌會傳教士將它們帶到了中國，以此彰顯篤信基督教的歐洲之力量。」

位於法國亞爾薩斯的史特拉斯堡主教座堂（Cathédrale Notre-Dame de Strasbourg）裡有個格外有趣的例子，史特拉斯堡天文鐘。此天文鐘的建造始於一三五二年，特點是有一隻會移動頭部、拍打翅膀並在特定時間（利用風箱和簧片）啼叫的機器公雞，還設有會動的天使。大約在一五四七年，此鐘被更換成升級版，保留了機器鳥。第二座天文鐘在一七八八年故障，直到一八三八年才換成目前的天文鐘，以新的機器組件取代舊的。

除了自動機械，這座史特拉斯堡的鐘還具有萬年曆（包括確認復活節該訂於日曆上哪一天）、演示日食和月食等功能。一八九六年，作家芬妮·科伊（Fanny Coe）寫道：「史特拉斯堡的鐘幾乎像是一座小劇院，有很多人物和動物負責演出各自的角色。……每小時有天使敲擊鐘響，正午和午夜時分，真人大小的基督和十二個門徒人像從一扇門裡現身。……然後，在鐘的上層轉臺上有鍍金公雞會拍打翅膀，引吭啼叫。」學者朱利葉斯·弗雷澤（Julius Fraser）寫道：「曆法算學和鐘錶工藝的進展是，希望製造出來的器物能夠解釋並讚揚基督教宇宙。……〔它們〕是先行者，後世則將科學家和工匠的知能用來增進眾生的俗世利益。」

## 另可參考

- 1206 年　加札里的機器人　P.13
- 約 1300 年　埃丹機械莊園　P.17
- 1774 年　雅克－德羅的機器人　P.37

法國亞爾薩斯區史特拉斯堡主教座堂裡的史特拉斯堡天文鐘，左上方的就是自動機器公雞。

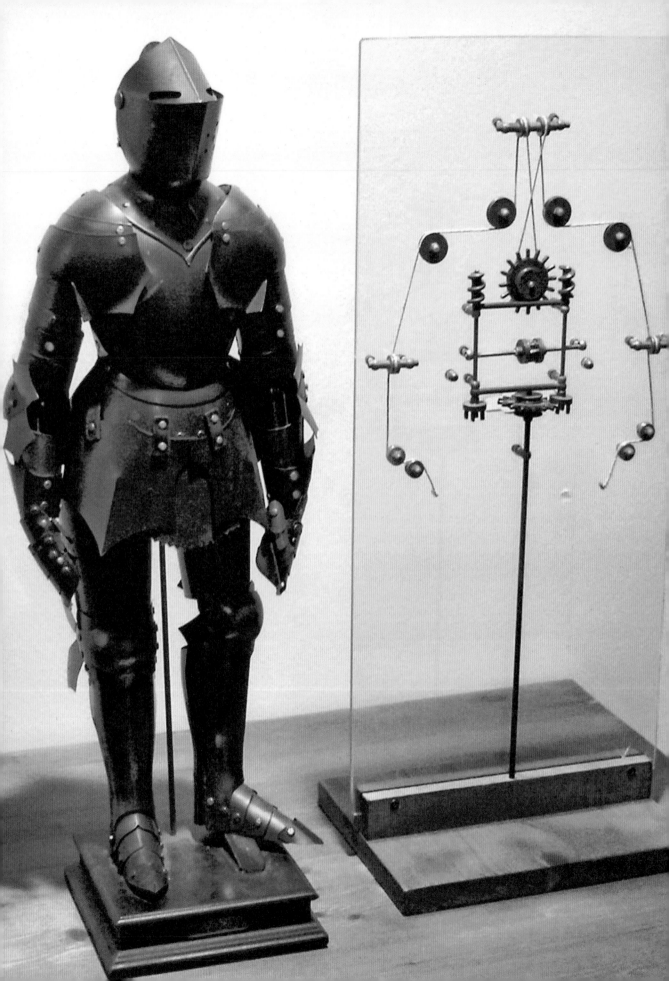

# 達文西的機械武士

「**達**文西的機械武士坐起身來；張開雙臂又合上，也許是在做抓緊的動作；通過柔軟的脖子晃動頭部；並打開了自己的面罩，」專攻機器人學研究的專家馬克‧羅斯海姆（Mark Rosheim）如此寫道，「它也許呈現了令人恐懼的相貌。由木材、黃銅或青銅，以及皮革製成，可以透過纜線操作。」

李奧納多‧達文西（Leonardo da Vinci，1452-1519）是義大利文藝復興時期多才多藝的專家，從繪畫、建築到解剖學和工程學，都屬於他的興趣範圍。在繪製於一四九五年的《大西洋古抄本》（Codex Atlanticus）系列筆記中——這是一套十二卷裝的速描和手寫稿本——包含了對樂器、曲柄機械和上述機械武士的描寫和研究。為了讓機器人的身體能夠移動，其設計機制採用了滑輪系統，具有鉸接式關節與可活動的手臂、齒顎和頭部。它身穿日耳曼－義大利式中世紀盔甲，能夠站起和坐下，並且有多個齒輪系統分別控制上半身和下半身。達文西也為其他自動機械繪製了草圖，包括鳥類和推車。

儘管我們不知道達文西的機械武士是否真的曾經被製造出來，但類似的機器人可能會啟發其他工程師。義大利－西班牙工程師朱安尼羅‧特里亞諾（Juanelo Turriano，約 1500-1585）就利用纜線和滑輪為西班牙國王菲利普二世（Philip II）建造了一具機械僧侶，當時國王的兒子剛從嚴重的頭部傷勢中奇蹟般康復，國王歸功於方濟會教士狄達克斯（Didacus）所做的神恩救助（divine intervention）。這個狄達克斯發條裝置由鑰匙扭轉彈簧來驅動，會一邊走動，一邊張開嘴巴和手臂默默祈禱。現存於華盛頓特區的史密森尼學會展出，且能正常運作。

對達文西的機器武士思索一番後，作家辛西婭‧菲利普斯（Cynthia Phillips）和莎娜‧普瑞維（Shana Priwer）寫道：「達文西的機器人設計是其解剖學和幾何學研究累積出來的顛峰之作——還有什麼更好的方式能夠結合機械科學與人類形態呢？他採用了羅馬建築固有的比例和關係概念，應用在所有生物天生的運動和生活方式上。從某種意義說，這部機器人就是活了過來的《維特魯威人》（Vitruvian Man）。」

## 另可參考

- 約西元前 400 年　塔羅斯　P.3
- 約 1220 年　蘭斯洛特的銅騎士　P.15
- 1907 年　TIK-TOK　P.59
- 1939 年　電動人 Elektro　P.69

達文西機器武士的模型，一旁是它內部的齒輪、滑輪與纜線零件。

# 魔像

《**前**進報》（*The Forward*）曾刊出以下這段話：「早在史蒂芬·霍金（Stephen Hawking，1942-2018）警告我們**人工智慧**的危險性之前，**魔像**（golem）的傳說早已在猶太人潛意識中傳播了相同的警訊。」魔像源自猶太民族傳說故事，是一種會活動的生命體，由黏土或泥土製成，由於能夠展現出多種存在於人造自動機械中的人工智慧潛能，一旦被啟用並任其在世界上活動就很難控制。最著名的魔像可能是傳說中布拉格拉比猶大·羅·本·比薩列（Judah Loew ben Bezalel，約 1520-1609）在一五八〇年創造的那一具，原先用意是為了保護布拉格猶太人區的居民免受反猶人士襲擊。一八〇〇年代有好幾位作家都記錄了這具布拉格魔像的故事。

魔像身上通常刻有魔法或宗教術語，以使其保持活生生的狀態。傳說中便有個例子，魔像的創造者有時會在魔像的額頭或其舌頭下的泥板或紙上寫下上帝的名字。其他魔像則是因為額頭上寫著「emet」（希伯來語中的「真理」）一詞而活過來，只要擦掉第一個字母變成「met」（希伯來語中的「死亡」），就能癱瘓魔像。

其他一些用於創造魔像的古老猶太祕方則要求將希伯來文的每個字母與神之名「YHVH」（上帝的希伯來語名稱）的每個字母組合在一起，然後用每個可能的母音讀出每組字母配對。神名字母可做為「啟用字元」來突破現實世界，並賦予物體生命力。

魔像這個詞在《聖經》中只出現一次（詩篇 139：16），指的是一個不完整的或未成形的身體。在《新國際版聖經》（*the New International Version*）裡，這段經文被譯為：「我未成形的身體，你的眼早已看見；你為我所命定的日子，我尚未度一日，都已記錄在你的冊上了。」在希伯來語中，魔像一詞可以表示「無形體的物質」或「無腦的」物體，《塔木德》則用此詞表示「不完美」。正因如此，文學作品中描繪的魔像大多是愚鈍的，但可受驅使執行簡單的重複性工作。實際上，讓魔像創造者傷腦筋的是如何終止魔像執行或繼續任務。

## 另可參考

- 約西元前 400 年　塔羅斯　P.3
- 約 1220 年　蘭斯洛特的銅騎士　P.15
- 1818 年　《科學怪人》　P.39

---

布拉格魔像。在這幅捷克畫家尤金·伊萬諾夫（Eugene Ivanov）的作品中，可以看到魔像（正中央的巨大人物）與猶太拉比比薩列（小小的，坐在這龐然大物的肩上）。

# 霍布斯的《利維坦》

一六五一年，英國哲學家托馬斯·霍布斯（Thomas Hobbes，1588-1679）寫下《利維坦》（*Leviathan*）一書，探討人類社群結構，以及人群與政府之間的關係。書中的好幾項特殊陳述讓科技史學家喬治·戴森（George Dyson）為此稱呼霍布斯為「人工智慧的元老」。比方說，霍布斯在序言中將身體比喻為機械引擎：「大自然（這上帝創造並用以管理世界的巧藝）被人類以藝術……加以模仿，〔人〕因此能製作出人造動物。因為我們所見生命不過是肢體的運動，其動作起始於它內在的某些主要部分。為何不能說所有的自動機械（像手錶一樣靠彈簧和輪子移動的引擎）都具有人造生命？其心臟不正是彈簧；神經即是如此多的弦；而關節則有許許多多的輪子，帶動整個身體……？」

霍布斯認為，當一個人進行理性思考時，就是正在執行符號計算和操作，類似於加法和減法運算：「當我說推論〔思維〕，意思指的是計算。現在，計算即是得出許多東西加在一起的總和，或是從一件東西中取出某物，然後得知剩下什麼。」

戴森提問：「若是推論過程可簡化為算式，而計算一事即使在霍布斯的時代，也可以透過機器來執行，那麼，這意味著機器會推論嗎？機器能夠思考嗎？」關於是否有辦法創造一種能夠自行思考的人造心智，電腦資訊架構師丹尼爾·西利斯（Daniel Hillis）是這麼想的：「有些人對於以機械工程來解釋人類思想感到擔憂，但我們還不了解局部交互作用如何導致演生行為（emergent behavior），這情況倒是產生了令人安心的曖昧之處，保持了靈魂雲深莫測的神祕感。儘管個別的電腦與電腦程式正在開發人工智慧的要素，但是開發更合適的媒介來促進巨型人工智慧的誕生，其實是在較大的（或整個）網絡中進行的。」

**另可參考**
- 1714 年　心智工廠　P.29
- 1844 年　〈追求美的藝術家〉　P.45
- 1863 年　〈機器中的達爾文〉　P.49
- 1949 年　《巨大的腦，或思考的機器》 P.81
- 1950 年　《人有人的用處：控制論與社會》　P.85

---

《利維坦》卷頭插畫，為法國藝術家亞伯拉罕·博斯（Abraham Bosse，1604-1676）的版畫作品。

# 心智工廠

**如**果我們認為意識的產生來自於大腦細胞及其成分的組合模式和動態相互關係，那麼我們的思想、情感和記憶或許能在 Tinkertoys® 積木電腦的搬動中複製出來。Tinkertoy 積木組合出來的思維必須非常大，才足以重現思維的複雜性，但也許有可能創建一個非常複雜的機制，就像研究人員利用一萬塊 Tinkertoy 積木製造井字棋機一樣。原則上，我們的思想可被具體想成像是枝葉搖動或鳥群移動。德國哲學家兼數學家萊布尼茲一七一四年就在專著《單子論》（*Monadology*）中設想，一部安裝了人工智慧的機器巨大得就像一座能夠思考並感覺的工廠，他還意識到，如果我們能夠在工廠內部進行探索，會發現「只有相互推撞的組構物件，而沒有任何能產生知覺的東西」。未來很可能發展出具有意識的人工智慧實體——即便不是由潮溼的有機物質塑造而成，並與上述情況非常類似。

哲學家尼克 · 伯斯特隆（Nick Bostrom，1973-）設想了一顆單獨的電子腦細胞：「腦細胞是具有某些特徵的具體物件。如果我們能夠徹底理解這些特徵並學會以電子方式複製它們，電子腦細胞肯定就能執行與有機細胞相同的功能。而且，若是可用電子腦細胞完成這項工作，為什麼最終產生的系統不會像大腦那樣具備意識呢？」

機器人科技研究專家漢斯 · 莫拉維克（Hans Moravec，1948-）也曾在文章中指出：「我們人，是在一系列神經硬體上仿擬出來的意識狀態，神經硬體中會發生一些事物，意識狀態只存在於對它們的詮釋中。意識並非從哪噴發出來的實際化學信號，而是對這些信號總和的某種高階詮釋，意識與其他意義詮釋（如一元鈔票面額）之唯一差異即在於此。」

同樣的道理，即使您的大腦被分成一百個小盒子，彼此相距甚遠並透過電線或光纖連接，或許仍然可以運作。為了更理解此事，請想像一下您的左右大腦半球相距一英里，並由人造胼胝體連接。即便如此，你仍舊是你吧？

**另可參考**

---

如果我們認為意識是大腦中神經元和其他細胞的對應模式和動態相互關係所造成的，那麼我們的思想、情感和記憶或許能在成簇枝葉的擺動或鳥兒群聚來去中被仿製出來。（本雅維薩 · 盧安瓦利〔Benjavisa Ruangvaree〕的水彩作品）

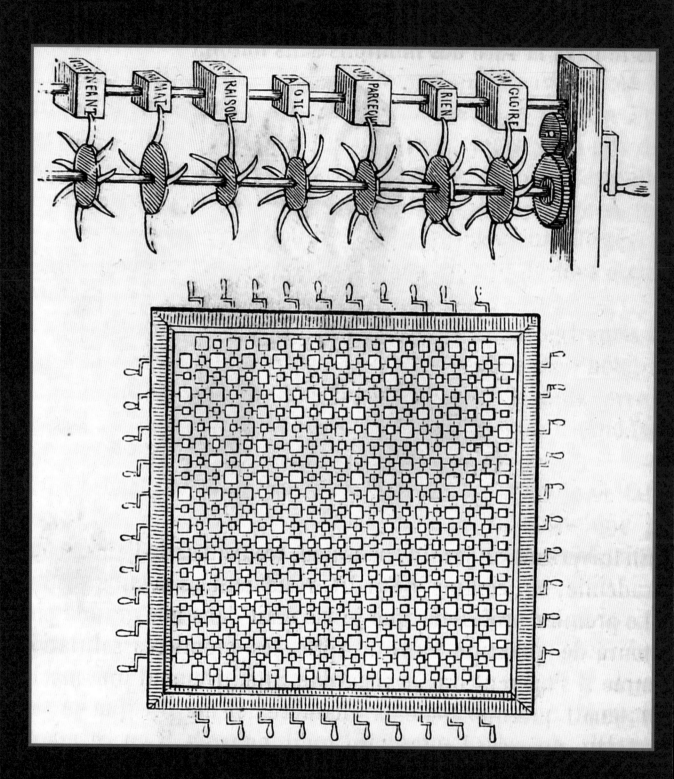

# 拉格多城的書寫機器

**出**版於一七二六年的《格列佛遊記》（*Gulliver's Travels*）是一部頗為通俗流行的小說，作者是英國－愛爾蘭作家強納森·史威夫特（Jonathan Swift，1667-1745），而書中所描述的創意發動生產機，很可能是第一部在小說中誕生而廣受議論的人工智慧裝置。主角格列佛來到虛構的城市拉格多，一位當地學者帶他看了一部能夠進行文學創作，寫出專業知識書籍，並產生迷人想法的機器。格列佛說：「藉由這項發明，只要支付合理的費用，加上一點體力勞動，即使是最無知的人都能寫出一本又一本哲學、詩歌、政治、法律、數學和神學領域的專書，毫不要求天分，也不須下功夫作研究。」

格列佛說該設備占地二十平方英尺，並有許多不同的木塊，「由細細的金屬線材連接在一起」。宛如瓷磚的木塊每一面都覆著紙，在紙上「寫有當地語言的所有文字，以數種語態、時態和詞格變化出現；但沒有固定次序」。

格列佛這樣描述該設備的操作方式：「架子的邊緣固定著四十個鐵製把手，他一聲令下，每個學生都抓住一柄鐵把手，突然一轉動，字詞整體的排列配置就完全改變了。然後當文字一行行出現在框架上時，他要求〔那些學生們〕輕聲唸讀那幾行字。只要發現有三、四個字詞可能構成句子的一部分，他們就向其餘四個負責抄寫的男孩口述。……每一次轉動……隨著方形木塊上下顛倒，這些字詞就會轉移到新的位置。」

作家艾瑞克·A·魏斯（Eric A. Weiss）寫道：「〔這部機器的〕設計用意、其傑出發明家的主張、對公共資金挹注的呼籲，以及學生對該設備的操作方式，很顯然都使它被認為是早期對人工智慧的嘗試，讓它成為在人工智慧領域經常被引述的典型。」後世也真的出現了拼湊組合、無序隨機或人工製造的創造模式，電腦程式「瑞克特」（Racter）即是其中之一，生產出來的散文寫成了《警察的鬍子造了一半》（*The Policeman's Beard Is Half Constructed*）這本書，於一九八四年出版。

**另可參考**

---

拉格多城的書寫機器，由法國藝術家葛杭維（J. J. Grandville，1803-1847）所畫，出現在一八五六年的《格列佛遊記》法文譯本中。

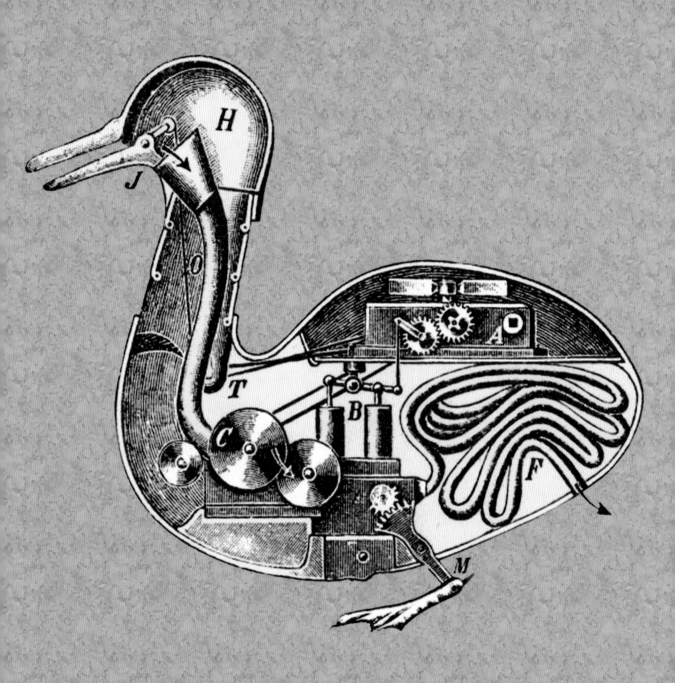

# 德‧沃康松的自動便便鴨

「一七三八年，二十九歲的法國鐘錶匠雅克‧德‧沃康松（Jacques de Vaucanson，1709-1782）在杜樂麗宮（Tuileries）的花園展出了可能是有史以來最著名的機器生物之一。」美國神經科學家保羅‧格里姆徹（Paul Glimcher）寫道。德‧沃康松製造的鴨子有數百個活動零件和羽毛。它搖搖頭，嘴喙把水攪弄得渾濁不清，拍打著翅膀嘎嘎叫，一口吞下展示人員手上的食物，還做出更多栩栩如真的行為。幾分鐘後，消化後的食物排泄到了下面。當然，鴨子並未真正消化食物，而是在鴨子尾端暗中填裝了仿造的糞便。然而，仿擬如此多種動作的自動機器引發了人們的討論，思考生物與純粹機械之間的界線，以及變得愈來愈全能的機器會讓該界限模糊到何種程度。

時光長河讓人們對這隻知名便便鴨愈來愈著迷，這古怪的生物甚至出現在托馬斯‧品欽（Thomas Pynchon）一九九七年那本大受好評的小說《梅森與迪克森》（*Mason & Dickson*）裡。這隻鴨在書中有了意識，還以其「死亡之喙」恐嚇法國廚師。

德‧沃康松也打造了一具巧妙的長笛演奏機器人，由連接到三個氣管的數個風箱提供動力。齒輪和凸輪觸扣著槓桿，控制長笛演奏機器人的手指、舌頭和嘴唇。機械長笛手是「被狄德羅《百科全書》（*Encyclopédie*）定義為仿生人（androïde）的首例，意思是具有人類行為功能的人偶」，歷史學家潔西卡‧蘿斯金如此寫道。更有立即實用性的是德‧沃康松在一七四〇年代設計的絲綢編織器，可惜絲綢工因此暴動，在街上拿石頭砸他。

格里姆徹是這麼想的：「沃康松的鴨子向十八世紀觀眾所提出的古老問題仍然困擾著現代神經科學：發生在我們每個人體內的機械式互動作用是否足以產生我們實際表現的複雜行為模式？我們是因為什麼而被定義為人類？是我們行為的複雜性，還是那些似乎能引發我們行為的物質其相互作用的特定模式？」

**另可參考**

---

這張刊登在一八九九年一月二十一日《科學人》（*Scientific American*）雜誌上的沃康松機器鴨圖片相當受歡迎。儘管此處描繪的機械配置與實際內部結構並不相似，箭頭的位置卻恰到好處地標示了出口路線。

# 機械土耳其人

機械土耳其人（Mechanical Turk）是一部下棋機器人，由匈牙利發明家沃爾夫岡·馮·肯佩倫（Wolfgang von Kempelen，1734-1804）於一七七〇年製造，贈送給奧地利的哈布斯堡女王瑪麗亞·特蕾莎（Maria Theresa）。這部機器的棋藝顯然很高明，擊敗了歐洲和美洲的棋手，手下敗將包括拿破崙·波拿巴（Napoleon Bonaparte）和本傑明·富蘭克林（Benjamin Franklin）等名手。這部真人大小的機器人裝飾著長袍、頭巾和黑鬍鬚，坐在一個頂部有棋盤的大櫃子旁，也真的會動手移動棋子。它的運作原理多年來一直是祕密，但今天我們知道，那個設計複雜的櫃子裡巧妙地藏了一位真正的西洋棋高手，他會利用磁鐵來移動棋子，並藉由各種操作桿讓機器人的某些部位動起來。為了增加神祕感，肯佩倫會在棋局開賽前先打開櫃門，露出內部的發條機械，讓大家看到櫃子裡並沒有供人躲藏的空間。即使許多人都了解這具土耳其人只是個精密的「把戲」，大家仍然好奇於機器究竟能達成哪些工作，以及能在哪幾種工作取代人力。

有許多文章討論機械土耳其人的運作方式，但想法全是錯的，比如愛倫·坡（Edgar Allan Poe）就誤以為有玩家坐在仿生機器人體內。有趣的是，現代電腦之父之一的查爾斯·巴貝奇（見43頁）很可能受到了機器土耳其人的啟發，因為當他開始研究機械計算器具時，曾想知道機器能否「思考」或至少執行高度複雜的計算。

作家艾拉·摩頓（Ella Morton）認為：「儘管〔機器土耳其人〕終究是依賴人類的動作和一些老套的魔術，但其令人信服的機械特質卻引起了人們的驚奇和關注。在工業革命的中期能這樣突如其來地轟動一時，機器土耳其人引發的疑問——關於自動化機器的本質以及有無可能製造具有思考能力的機器——已令人騷動不安。一般認為西洋棋是……『純粹心智』的領域……但機器土耳其人似乎是靠發條裝置運轉這件事，衝擊了這種觀點。」

**另可參考**

- 1822 年　查爾斯·巴貝奇的機械計算機　P.43
- 1990 年　〈大象不下棋〉　P.155
- 1994 年　西洋跳棋與人工智慧　P.159
- 1997 年　深藍擊敗西洋棋冠軍　P.163

---

約瑟夫·馮·拉克尼茲（Joseph von Racknitz，1744-1818）的機械土耳其人內部窺視，推測了機器土耳其人的運作方式。（摘自一七八九年出版於萊比錫與德勒斯登的《關於馮·肯佩倫先生的棋手及其複製品》〔*Über den schachspieler des herrn von Kempelen und dessen nachbildung*〕）

# 雅克－德羅的機器人

「**它**們可能是巨型拉線木偶，或者在一陣恐慌中被留下的高個兒人形娃娃。我猜發生了可怕的瘟疫……席捲整個城鎮，清空了居民。我一個人面對這些情感的仿製品……被這些自動機械靜定又清亮的眼睛給迷住了。」小說家尚・洛蘭（Jean Lorrain，1845-1906）寫道。

這一類關於自動機器栩栩如生的詭奇想像提醒了我們，長久以來，人類對機器人的存在有多麼著迷，也使人想起十八世紀有這麼一組自動機器人，由於精密複雜且可設定操作程式，足可做為電腦元祖其中一例。這三具吸引了大批人潮爭睹的機器人是由鐘錶師皮耶・雅克－德羅（Pierre Jaquet-Droz，1721-1790）在一七六八年至一七七四年之間製造的，分別是：寫字男孩（由大約六千個零件組成）、女音樂家（二千五百個零件）和兒童繪圖員（二千個零件）。寫字男孩機器人會用羽毛筆蘸墨水，並藉由一系列凸輪的安排設計，寫出長達四十個字符的文字訊息。他固定每隔一段時間就會拿筆重新蘸墨，寫字時，眼睛的視線還會跟隨著筆觸。

音樂家機器人演奏風琴時，真的會用手指按下琴鍵，彷彿活生生的身體和頭部則做出自然的動作，而且視線跟隨著手指。她被設計成在演奏前與結束後會繼續「呼吸」，身體還會隨著音樂沉緩晃動。機器繪圖員則能畫出四種不同的草圖：一條狗、法王路易十五的肖像、駕駛戰車的丘比特，以及一對皇室夫婦。

值得注意的是，這些機器人的動作機制設計都駐留在其身體內（而不是藏在鄰近的家具或物件裡），因而使其指令編排、微型縮小和驚人的逼真程度，更加令人印象深刻。雅克－德羅的助手是兒子亨利・路易（Henri-Louis）和技工（且為養子）尚・弗雷德里・萊斯霍特（Jean-Frédéric Leschot），據說他後來為先天畸形的男人製作了兩隻人造手。據報導所述，這兩隻戴著白色手套的手功能廣泛，使用者還能寫字和畫畫。

## 另可參考

- 1206 年　加札里的機器人　P.13
- 約 1300 年　埃丹機械莊園　P.17
- 1352 年　宗教用的自動機器　P.21
- 1738 年　德・沃康松的自動便便鴨　P.33

---

雅克－德羅的寫字機器人，收藏於瑞士納沙泰爾（Neuchâtel）的藝術與歷史博物館（Musée d'Art et d'Histoire）。

# FRANKENSTEIN.

"By the glimmer of the half-extinguished
light I saw the dull, yellow eye of the
creature open: it breathed hard, and a
convulsive motion agitated its limbs,
*** I rushed out of the room."

# 《科學怪人》

世界經濟論壇的人力資源總監保羅・加洛（Paolo Gallo）寫道：「《科學怪人》完成於第一次工業革命期間，這是一段劇變期，引發了諸多困惑和焦慮，使人探索種種人與科技之間的問題：我們是否正在創造自己無法控制的怪物？是否正在失去人性、同情心，無法再將心比心、產生同感？」

在瑪麗・雪萊（Mary Shelley，1797-1851）的小說《科學怪人：另一個普羅米修斯》（*Frankenstein; or, The Modern Prometheus*，1818）中，特殊人工智慧帶來的危害成了引人注目的主題。故事裡的科學家維克多・弗蘭肯斯坦在屠宰場和墓地盜取屍體的不同部位，以組合造出一隻生物，然後他以「生命的火花」讓它動起來。過程之中，他省思了自己的實驗，認為這是創造永生：「在我看來，生與死是理想的界限，我應該率先突破此界限，將光明如湧流般灌注到這黑暗的世間。一個新的物種將視我為創造者而對我崇敬感恩……我想，若是能為無生命的事物賦予生動的精力，我或許就能……在死亡似乎已經使身體腐朽之際，使之重生。」

瑪麗・雪萊十九歲那年完成這部小說時，已有不少理論探討電流對生物的作用以及讓已死組織復活的可能性。當時的歐洲人對此深感興趣，她則在夢中得到了故事的原始靈感。碰巧在一八〇三年左右，義大利物理學家喬凡尼・阿爾迪尼（Giovanni Aldini，1762-1834）於倫敦進行了許多場藉由通電使人體復活的公開實驗。

小說中到處潛伏著死亡和毀滅，有許多人物死去。值得注意的是，維克多毀掉了原本為科學怪人製造但尚未完成的女伴，而那怪物（實際上在故事中從未被稱為「弗蘭肯斯坦」）則殺死了科學家的妻子伊麗莎白。小說結尾，維克多緊追著自己創造的怪物直到北極，並在那裡死去，怪物則決心要為他火葬並自焚毀滅自己。

記者丹尼爾・德達里奧（Daniel D'Addario）指出：「《科學怪人》的基礎概念是人類本能地排斥人工智慧，認為這是不自然且詭異的。當然，科學怪人的外表特別古怪占了很大一部分原因。……如果人工智慧有更吸引人的包裝，具備實用功能，又將如何呢？」

**另可參考**

---

倫敦 Colburn and Bentley 出版社發行的一八三一年版《科學怪人》卷首插圖。

# 機算創造力

「一個創造力像我們這樣強大的社會，實在太令人羨慕了。」倫敦大學金匠學院演算小組的西蒙·寇頓（Simon Colton）和吉蘭·威金斯（Geraint Wiggins）曾在文章中這麼說。「富有創造力的人及其對文化進步的貢獻受到高度重視。而人的創造行為有賴於全方位智能，因此對於人工智慧研究來說，模擬這種行為成了嚴峻的技術挑戰。我們相信可將機算創造力（CC, Computational Creativity）的角色定位為人工智慧研究的最前端，超越所有其他領域，或許、甚至說它是最終的邊界也不為過。」

「機算創造力」具有多種含義，這裡指的是人工智慧研究的一個分支，專門研究使用電腦或其他機器來模擬創造力。成果通常看起來新穎奇特，並有實用潛力。「CC」亦指能夠增強人類創造力的程式，比如研究人員使用人工神經網路（見 77 頁）和其他方法，以過往的藝術家創作風格產製出精美的音樂或繪畫。除了生成對抗網路（GAN, generative adversarial network）利用兩個相互競爭的人工神經網路來仿造面孔、花朵、鳥類和房間內部等物，產生宛如照片般逼真的圖像，還有其他 CC 技術用來配製美味的食譜，產生新的視覺藝術，創作詩歌和故事，產出

笑話、數學定理、美國專利、全新的遊戲、嶄新的棋局難題，並為天線和熱交換器做出創新設計。簡而言之，有些由人類製作、因此被視為創造性行為的設計與作品，只要透過某種形式的計算方法或仿造作法，電腦也可以生成。

CC 技術的早期簡單範例可見於德里希·溫克爾（Dietrich Winkel，1777-1826）一八二一年發明的複合自動管風琴（componium），也就是由機械操縱的自動管風琴樂器，能為單一音樂主題產生彷彿無窮無盡的變奏。它有兩個轉筒，輪流演奏兩小節隨機選擇的音樂，飛輪的作用則像程式設定，能夠決定是否選擇某特定變奏。溫克爾表示，如果每次演奏平均耗時五分鐘，複合自動管風琴將所有可能的音樂組合都演奏過一次所需要的時間，將超過一百三十八萬億年！

**另可參考**

- 約 1305 年　拉蒙·柳利的《偉大之術》P.19
- 1726 年　拉格多城的書寫機器　P.31
- 1968 年　《數位神機緣》　P.121
- 1975 年　遺傳演算法　P.133
- 2015 年　電腦藝術與 DeepDream P.183

---

電子羊藝術品。「電子羊」是指由史考特·德拉維斯（Scott Draves）開發的抽象藝術集體創作系統。較流行的綿羊壽命較長，且會根據內含突變和交叉重組因素的遺傳演算法來繁殖。

# 查爾斯 · 巴貝奇的機械計算機

查爾斯 · 巴貝奇（Charles Babbage，1791-1871）這位英國解析學家、統計學家暨發明家在一八一九年見到了機械土耳其人，當時這部機械人正在英格蘭巡迴展出並擊敗了人類選手。巴貝奇當然知道機械土耳其人必定是某種把戲，但許多人認為，這部仿生人機器**啟發**了巴貝奇，使他思考其他更實用的思維機器，而這正是邁出人工智慧之旅的第一步。

巴貝奇常被認為是「**前電腦時代**」最重要的數學工程師。他因為構想出一部巨大的手搖式機械計算器而大大出名，該機器也成了現代計算機的先祖。巴貝奇認為，該設備最大的用途會表現在產生數學算術用表上，但也擔心從機器的三十一個金屬輸出轉輪產出的結果會在記錄時出現人為錯誤。今天的我們早已了解，巴貝奇的思想領先了他的時代差不多一百年，而當時的政治情況和科技水準並不足以實現他的崇高夢想。

巴貝奇從一八二二年開始設計與製造差分機（Difference Engine），但是從未完成，這部機器的主要功能是利用約二萬五千個機械零件來進行多項式函數運算。巴貝奇還打算製作用途更廣泛的計算機器，也就是分析器（Analytical Engine），可用打孔卡進行程式編碼，並有獨立區塊能夠儲存和計算數字。據估計，一部能儲存一千組五十位數數字的分析器，長度將超過一百英尺。英國詩人拜倫爵士（Lord Byron）之女艾達 · 勒芙蕾絲（Ada Lovelace，1815-1852）提出了分析器所使用程式的標準做法。儘管巴貝奇協助過艾達，但一般認為艾達才是第一位電腦程式設計師。

一九九〇年，小說家威廉 · 吉布森（William Gibson）和布魯斯 · 史特靈（Bruce Sterling）撰寫了《差分機》（*The Difference Engine*），邀請讀者想像巴貝奇的機械計算機若在維多利亞時代就成真，對世界將有何影響。事實上，讀者將在小說結尾來到虛構的一九九一年平行時空，那裡有一部具備自我意識的**電腦**已進一步演化，而且似乎是該書的敘述者。

**另可參考**

- 約西元前 190 年　計算板／算盤　P.9
- 1770 年　機械土耳其人　P.35
- 1946 年　ENIAC　P.79

一八二二年

巴貝奇的差分機部分零件運作模型，目前收藏於倫敦科學博物館。

# 〈追求美的藝術家〉

納撒尼爾・霍桑（Nathaniel Hawthorne，1804-1864） 寫 的〈追求美的藝術家〉（"The Artist of the Beautiful"）是第一篇機器昆蟲短篇小說，我個人相當讚賞故事中令人難以忘懷的美麗意象以及其中對人工智慧和人類反應所提出的疑問。這篇小說發表於一八四四年，就在電燈泡發明之前。故事聚焦於在鐘錶店工作的天才歐文・沃蘭德的生活，這位敏感的年輕人除了暗戀店主的女兒安妮・霍文登，也想知道是否有可能「仿造出像鳥兒飛行或小動物活動那樣優美的大自然律動」。

歐文最終成功製造出機械蝴蝶。店主發現了一個初期模型，還差點弄碎了那「如蝴蝶身體構造一樣細緻精巧的機械玩意兒」。他大叫：「歐文！這些小鏈條、小輪子和小槳中藏著巫術。」

故事結尾，歐文決定讓安妮看看他做出來的新版機器蝶：「一隻蝴蝶飛舞著，落在她的指尖上，掀動它帶著黃金斑點的紫色翅膀，煥發華麗氣息，彷彿是飛行的前奏。那榮耀、光彩與細膩的華美，超乎言語所能形容，它們被輕輕揉和為此物之美。大自然中蝴蝶的理想典型在這裡得到了完美的實現；不像穿行於塵世花朵間那樣易朽的飛蟲，而是盤旋在天堂原野上的生物，陪著小天使和逝去的嬰兒靈魂嬉鬧玩耍。」

「好美！好美！」安妮驚嘆，「這是活的嗎？是真的嗎？」

這小蟲飛到空中，在安妮頭上飛舞。故事顯然要給機器蝴蝶一個悲慘的結局，因為它被一個不小心的孩子壓成「一小堆閃閃發光的碎片」，歐文則得到了某種頓悟，體會到蝴蝶的美麗是永恆的。

順帶一提，一款能感應、回應人類情緒狀態並據此行動，為人帶來好心情的機器蝴蝶於二〇一五年獲得了美國第九〇四六八八四號專利的授予。

**另可參考**

- 1738 年　德・沃康松的自動便便鴨 P.33
- 1774 年　雅克－德羅的機器人　P.37
- 1907 年　TIK-TOK　P.59
- 2001 年　史蒂芬・史匹柏的《A.I. 人工智慧》 P.171

---

〈追求美的藝術家〉描述了精緻又美麗的自動機器蝴蝶之誕生，它具有神奇奧祕又活潑逼真的特質。

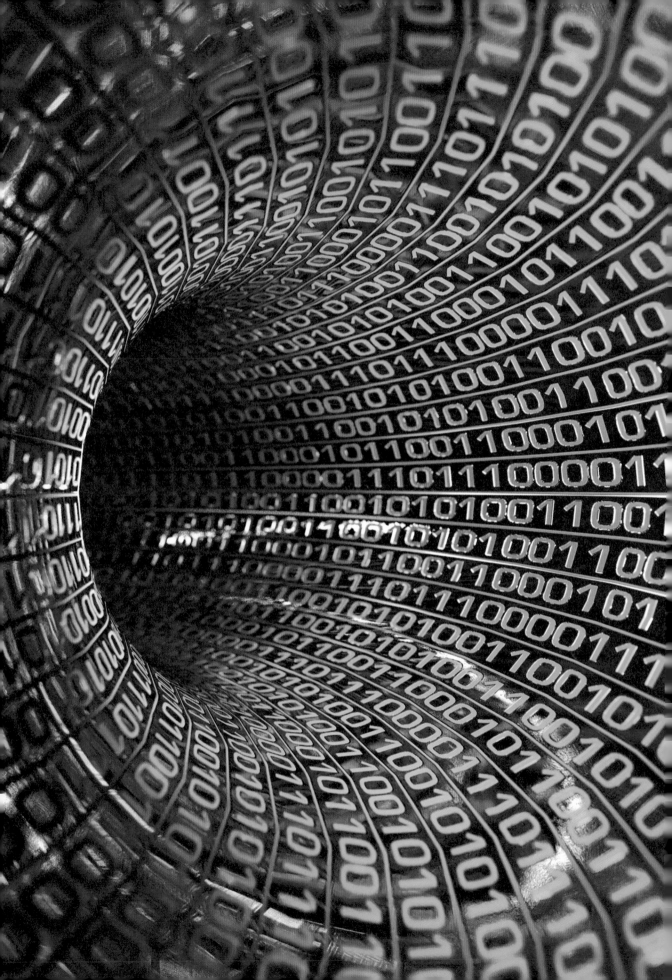

# 布爾代數

在英國數學家喬治‧布爾（George Boole，1815-1864）二百周年誕辰紀念時，記者詹姆斯‧蒂科姆（James Titcomb）讚揚他是「人工智慧理論的思想先驅，認為人類所有思想都能化約為一系列數學規則，提倡使用機械代替人類執行無聊又累人的工作。」

布爾曾在他最重要的著作中提到，自己的目的是「研究大腦進行推理時的基本運作規律……並且收集……關於人類思想本質和構成的某些可能線索」，且於一八五四年發表了一部頗具影響力的論述，標題為《思維法則研究：邏輯和概率的數學理論基礎》（*An Investigation into the Laws of Thought, on Which Are Founded the Mathematical Theories of Logic and Probabilities*）。布爾關注的重點是將邏輯關係化約為簡單的代數式子，僅需用到兩個數值（0和1）以及三個基本運算符：「與」（AND）、「或」（OR）、「非」（NOT）。布爾代數現在廣泛應用於電話交換機和電腦設計。

布爾在其代表作中也寫道，他的目標是「揭示那些高端思想機能的祕密規律和關聯性，正是透過這些規則和關係，我們的知識才不僅僅只有對世界和我們自己的感知經驗，也是因為這些思想規則和關係，我們超乎感官的認知體驗得以更完熟」。發明**數學歸納法**一詞的英國數學家奧古斯都‧德摩根（Augustus De Morgan，1806-1871）在其過世後出版的《悖論預算》（*A Budget of Paradoxes*）書中，這樣盛讚布爾的貢獻：「布爾既有天才神思又能耐心鑽研，有許多成果證明，這套邏輯系統只是其中之一……。代數演算符號原本被發明出來做為數值計算的工具，但它竟然也有能力表達所有的思路變動，提供包含所有邏輯系統的語法和字彙。若非已被證實，真是難以相信。」

布爾過世後約七十年，美國數學家克勞德‧夏農（Claude E. Shannon，1916-2001）在學期間接觸了布爾代數，舉一反三地證明了如何利用布爾代數來完成電話路由交換機系統的最佳化設計，也證明了加裝繼電器的電路可以處理布爾代數問題。借助夏農之力，布爾因此成為今日數位化時代的奠基者之一。

**另可參考**

- 約西元前 350 年　亞里斯多德的《工具》 P.5
- 約西元前 190 年　計算板／算盤　P.9
- 1965 年　模糊邏輯　P.113

---

布爾思索布爾代數時曾寫道，自己的目的之一是「研究大腦進行推理時的基本運作規律」。

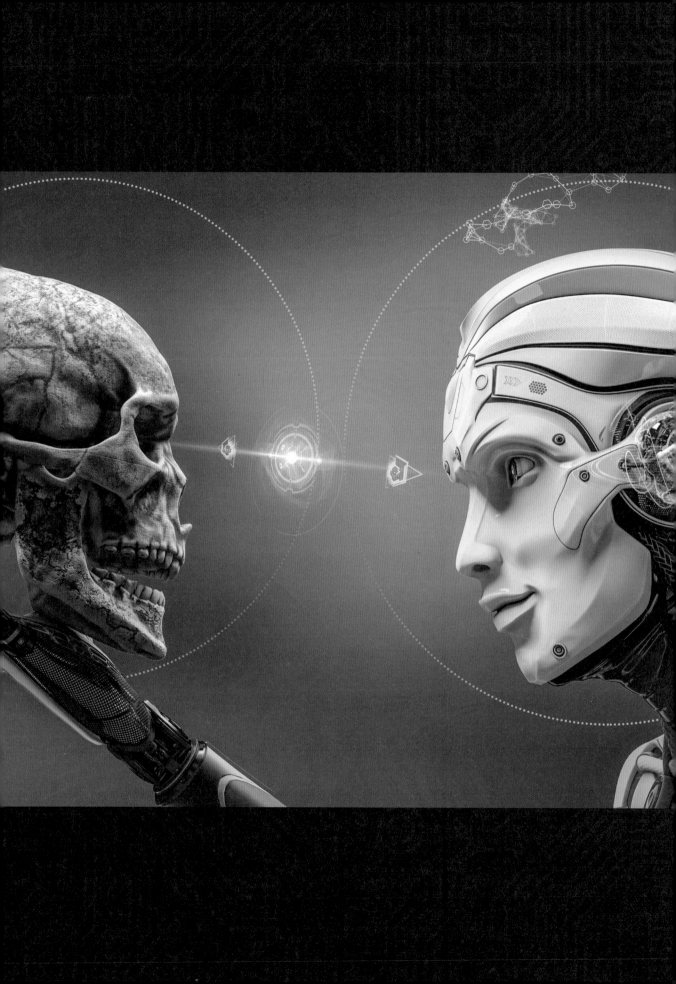

# 〈機器中的達爾文〉

英國作家暨博學家塞繆爾·巴特勒（Samuel Butler，1835-1902）很早就針對未來可能出現的人工智慧提出了見解，預先道破了能夠自我改進的超智能機器及其潛在風險等概念。他在一八六三年提出了一篇驚人的論文〈機器中的達爾文〉（"Darwin among the Machines"），討論「機械生命」的未來：「我們正在創造自己的後繼者；每一天我們都使它們的身體組織益發美麗精緻；每一天都在賦予它們更大的力量，藉由各式各樣巧妙的發明設計來為它們提供自我調節、自主行動的能力，這能力對它們而言就如同智慧對人類一般。久而久之，我們終將發現自己是不如它們的劣等種族。」

巴特勒的洞察力令人驚嘆，他想像機器將逐步接管人類努力積累的所有成果：「我們愈來愈服從機器；每天都有更多人成為它們的奴隸，受役使去照料它們⋯⋯將一生的精力投入機械生命的進展中⋯⋯至高無上的機器實際掌控世界及其居民的時機終將到來⋯⋯」

巴特勒在《機器之書》（The Book of the Machines，1872）中沉思說，軟體動物似乎沒有多少意識，但人類意識卻持續進化。同樣地，機器將發展出意識，他要求人們「仔細回想機器在過去幾百年中達成的非凡進步，同時留意自然界動植物發展的速度有多慢。昨天才生產的機器，其組織條理可能還比不上五分鐘前出現的⋯⋯」

控制論之父諾伯特·維納（見85頁）寫道，巴特勒的思想造成的回響直到二十世紀：「如果我們朝著『製造有學習能力且能依靠經驗修正行為的機器』這個方向發展，就必須面對一個事實：我們每提升一級機器的獨立能力，也就同時與我們的意願背道而馳更遠一點。放出瓶子的精靈不會輕易自行回到瓶內，我們也沒有任何理由期盼它們會對我們友善。」

隨著二十一世紀科技滲透進入人類生活各個方面，巴特勒和維納對人工智慧的省思顯然相當有說服力。

## 另可參考

---

巴特勒在〈機器中的達爾文〉中寫道：「我們正在創造自己的後繼者⋯⋯久而久之，我們終將發現自己是不如它們的劣等種族。」

Price, 10 Cts.

# American Novels

No. 45 No. 45

# The Steam Man of the Prairies

FOR SALE BY

## "The American News Co.,"

*119 & 121 Nassau Street, N. Y.*

# 《草原上的蒸汽動力人》

在美國的「一毛錢小說」（廉價的平裝小說）中，最早描述機器人的一本是《草原上的蒸汽動力人》（*The Steam Man of the Prairies*），由俄亥俄州出生的作家愛德華‧S‧埃利斯（Edward S. Ellis，1840-1916）所寫，該書在一八六八年至一九〇四年間再版多次。在埃利斯的小說中，有位名叫強尼‧布雷納德的少年發明家創造了一具十英尺高的機器人，並帶著它在美國中西部地區到處旅行。蒸汽機器人戴著高筒大禮帽，拉著貨車，靠著精心設計的雙腿走路或奔跑，速度高達每小時六十英里。強尼與他的朋友和機器人在大草原上冒險，他們追逐水牛，嚇跑印第安人，還協助開採金礦。

埃利斯形容這具蒸汽機器人「極度肥胖，腫得身材圓滾滾的，動作總是能與它巨大的身長達成協調」。這機器人體型撐得很胖，如此才有足夠的空間容納所有機械零件，而且「臉是鐵製的……有一雙嚇人的眼睛，嘴角誇張外裂地咧嘴笑著……走路步伐很自然，不過在跑動時，體內方直的螺栓讓它看起來與人類不同」。

《蒸汽動力人》的靈感來自於真正的蒸汽動力仿生機器人，那是美國發明家扎多克‧戴德里克（Zadoc P. Dederick）和以撒‧格拉斯（Isaac Grass）一八六八年取得專利的發明。埃利斯所寫的一系列精采故事也成了最早的「天才發明家」（Edisonade）類型故事之一，這類故事的主角通常是年輕的男性發明家，利用自己的創意思維化險為夷。如歷史學家安德魯‧利普塔克（Andrew Liptak）所述：「當埃利斯撰寫美國邊境的冒險故事時，他同時也在探索住在未知之境邊緣的人們是如何生活的，這很像將場景設定在太陽系遠方深處的現代書寫……。透過埃利斯的作品，我們能夠好好了解其時代氛圍，他的作品也為看待未來的方式與世界正在發生多大的變化，提供了一些背景資料。」

**另可參考**

- 1893 年 《威力鮑勃之暗黑大鴕鳥》 P.55
- 1907 年 TIK-TOK P.59
- 1939 年 電動人 Elektro P.69

---

埃利斯於一八六八年出版的《草原上的蒸汽動力人》小說封面。

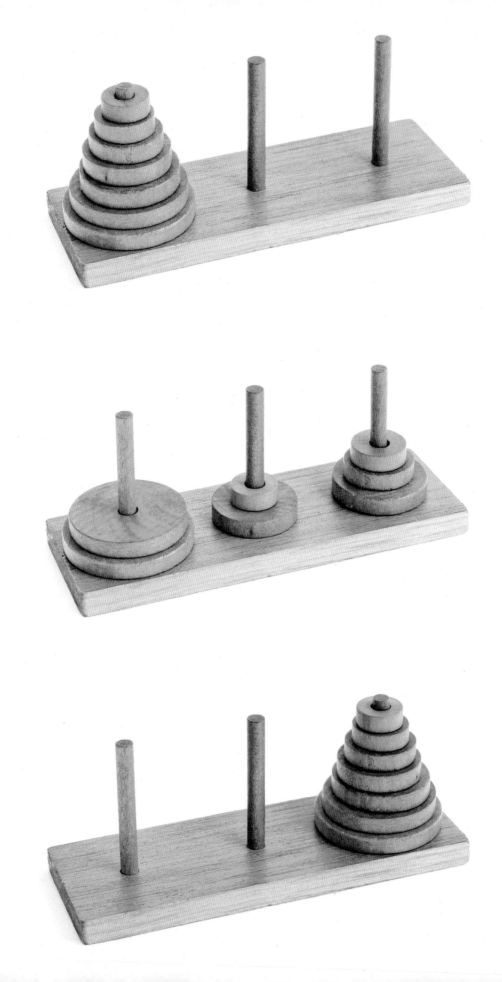

# 河內塔

自從法國數學家愛德華・盧卡斯（Édouard Lucas，1842-1891）一八八三年發明了河內塔並當作玩具販售後，這個遊戲就風靡了全世界。這道數學難題包含幾個大小不同的穿孔圓盤，它們可以套進三根椿柱中的任何一個。圓盤最初按大小順序套疊在一根椿柱上，最小的圓盤位於椿柱頂部。遊戲玩法是，一次將一個圓盤移動到另一根椿上，方法是移去任何一疊圓盤中置於頂部的那一個，並將其放在其他疊的頂部，但是移動的圓盤不能放在比它小的圓盤之上。最終目標是將一整疊（通常有七或八個圓盤）從起始位置移動到另一根椿柱。達成目標所需最少移動次數為 $2^n-1$，其中 n 代表圓盤總數。

這遊戲據傳源自一座傳說中的印度神廟，廟中的婆羅門祭司遵照與河內塔相同的規則，不停地移動六十四片黃金圓盤。若如該傳說所言，一旦完成了遊戲的最後一步，世界也將終結。有意思的是，如果祭司能夠每秒移動一片圓盤，那麼總共 $2^{64}-1$（或 18,446,744,073,709,551,615）次移動大約要耗費五千八百五十億年，大約是目前估算宇宙年齡的四十二倍。

河內塔難題及其許多變化版如今被用在各種機器人測試之中，因為這種解謎挑戰提供了有用的標準化測試，可評估機器人的高級推理能力與感知、操縱能力的整合程度。要通過此類測試，關鍵在於任務規劃和動作規劃（動用一支或多支機器手臂）。

僅有三根椿柱的河內塔解決方案可寫成簡單的演算法，而且這個遊戲經常在程式設計課程中做為遞迴演算法的教材。不過，如何為椿柱數量龐大的河內塔問題（及其變化）產生最佳演算法，仍舊是讓人躍躍欲試的難題。對於多臂機器人來說，還必須計算避免碰撞的路徑。

**另可參考**
- 約西元前 1300 年　井字棋　P.1
- 1770 年　機械土耳其人　P.35
- 1988 年　四子連線棋　P.153
- 2018 年　魔術方塊機器人　P.197

---

河內塔遊戲中，玩家可以移動任何一疊圓盤頂部的盤子，將其放置在其他疊頂部，但一次只能移動一片圓盤到另一根椿柱，而且不能放在比自己小的圓盤上。

No. 55.    Street & Smith, Publishers.    NEW YORK.    31 Rose St., N. Y.   P. O. Box 2734.    5 Cent

# Electric Bob's Big Black Ostrich,

## Or, LOST ON THE DESERT.

### By the Author of "ELECTRIC BOB."

BANG! BANG! BANG! EVERY REPORT FROM ELECTRIC BOB'S MACHINE GUN WAS FOLLOWED BY A YELL OR A SPLASH FROM THE ENEMY.

# 《威力鮑勃之暗黑大鴕鳥》

**與**《草原上的蒸汽動力人》系列一樣，羅伯特‧T‧湯姆斯（Robert T. Toombs）創作的《威力鮑勃》（*Electric Bob*）系列小說也引起了人們的注意，這些書顯現了十九世紀末的美國社會對於模仿人類或動物的機械裝置愈來愈著迷。在《威力鮑勃之暗黑大鴕鳥》（*Electric Bob's Big Black Ostrich*，1893）中，十歲的機械工程小神童鮑勃住在紐約附近，是電報發明者塞繆爾‧莫斯（Samuel Morse，1791-1872）的後裔。鮑勃發明了電子鴕鳥、大型的機械白鱷魚和其他可用於運輸的機械馱獸。他發明的各型機器生物通常都備有足夠的補給，配戴裝甲，還能穿越困難地形。

故事中，鮑勃尋思著，一隻大型電子鴕鳥應該能載他和朋友穿越美國西南部的岩礫沙漠，同時避開蛇。鮑勃對鴕鳥活體樣本的身體構造和生理現象仔細研究一番後，設計出了完美的運輸工具：「鴕鳥頭揚起在空中，挺立直達三十英尺高。身體的中心距離地面二十英尺，脖子大約八英尺長。……動力來自強大的蓄電池，藏在大腿之間的身體內，使我們的時速能達到二十到四十英里，視行經地面的差異特性而定。」

為讀者提供諸多工程細節是這部小說的著名特色。例如，它拆解了機械鳥的各種材料和組件，包括空心的鋼鐵腿、防彈的鋁製翅膀和尾巴。鮑勃繼續解說：「這裡有水箱、維生物資存放處、彈藥等，這邊是我們的機槍……由一個裝有二十五發溫徹斯特步槍彈的加大旋轉彈膛，以及一根短而重的槍管組成，轉動這個把手就能射擊。」

儘管這類發揮想像的虛構書寫並不能真正解決圍繞著機械生命形式誕生而出現的哲學問題，但這類天才發明家的探險故事能讓人一窺當時的思潮，以及那時的偏見、期盼與渴望。

**另可參考**

- 1738 年　德‧沃康松的自動便便鴨　P.33
- 1868 年　《草原上的蒸汽動力人》　P.51
- 1907 年　TIK-TOK　P.59

---

湯姆斯於一八九三年在《紐約五分錢圖書館》（*New York Five Cent Library*）週刊發表了《威力鮑勃之暗黑大鴕鳥》，此為插圖。

No. 613,809.

N. TESLA.

Patented Nov. 8, 1898.

METHOD OF AND APPARATUS FOR CONTROLLING MECHANISM OF MOVING VESSELS
OR VEHICLES.

(No Model.)

5 Sheets—Sheet 1.

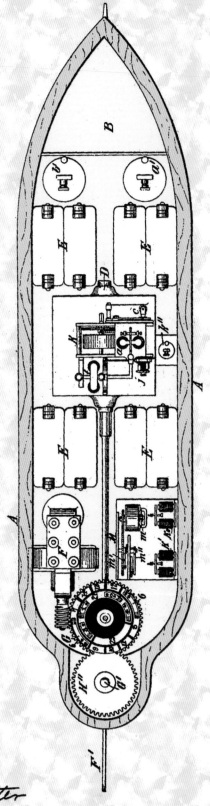

*Fig.1*

# 特斯拉的「借來的心智」

一八九八年，塞爾維亞裔的美國發明家尼古拉·特斯拉（Nikola Tesla，1856-1943）精采展示了如何藉由無線電來操縱一艘船，大大震撼了現場觀眾，其中一些人還以為船隻被施展了魔法，或是藉由心靈感應或受過訓練的猴子來操控。當《紐約時報》的記者得知這是世界上第一艘無線電遙控船時，建議特斯拉將這項發明發展成可攜帶炸藥的兵器。特斯拉告訴記者，別光想著無線魚雷之類的東西，應該意識到這是一批未來自動機械（當時尚未使用機器人一詞）的領頭羊，機械動力人將代替人類完成艱鉅的勞動。

特斯拉於一九〇〇年發表文章〈關於增進人類能源的問題〉（"The Problem of Increasing Human Energy"），談到了他的水行自動機器：「遠端操作者的知識、經驗、判斷（或者就說是其心智）都體現在那部機器上，因此機器可以移動，並以理性和智慧執行所有的操作。……可以說，到目前為止造出來的自動機器都具有『借來的心智』，每部機器都僅僅是遠端操作者的一部分。」

特斯拉更進一步提議：「或許能設計一種自動機，使它有『自己的思想』〔並且〕不需要任何操作員，可因應其敏銳接收器官得到的外部影響而完全自主決定執行各種各樣的行為和動作，彷彿具備了心智能力。」

特斯拉被公認為是現代科技的偉大先知，所謂的現代科技，指的就是現在已有像納丁（Nadine）和索菲亞（Sophia）這樣能夠進行交談、使人困惑難辨的擬真仿生人（即人形機器人）。其實特斯拉認為，人類只是一種對外部刺激產生相應思想並據此行動的自動機器，在他的宏偉構想中，他構築了「一種自動機器，可以成為我的機械分身，並且能像我自己一樣做出反應，但當然，是以更原始簡單的方式回應外部影響。這種自動機器顯然必須具有動力、運動器官、定向器官，以及一或多個知覺器官，這些器官必須改造成可受外界刺激。……不管自動機器的材料是骨骼肌肉還是木材鋼鐵，都無關緊要，只要它能夠像有心智的生物一樣執行受指定的所有任務就可以了」。

**另可參考**
- 1942 年　奪命軍武機器人　P.75
- 1950 年　《人有人的用處：控制論與社會》　P.85
- 1984 年　自動駕駛汽車　P.143

---

特斯拉的無線控制機器船在一八九八年獲得專利，這艘船包含電池、電動螺旋槳、方向舵和照明燈。他相信將來會創造出有智能的長程自動機具，並進而引發社會變革。

# Tik-Tok of Oz

## By L. Frank Baum

# TIK-TOK

當我們研究人工智慧時，「立即面對的挑戰就是深入徹底地探問生命、死亡、性愛、工作和心靈思維機制的本質，」作家保羅・亞伯拉姆（Paul Abrahm）和史都華・坎特（Stuart Kenter）這樣寫道，「……這大哉問需要一趟皓首窮經的朝聖之路，橫跨文學、哲學，以及會叫人望之興嘆的一大串科技領域。」文學作品中，最早讓人開始關注機器與人之間細微界線的思維機器之一，無疑是 Tik-Tok，一部銅製的智能機器人，一九〇七年在美國作家 L・法蘭克・鮑姆（L. Frank Baum，1856-1919）的小說《奧茲國女王》（*Ozma of Oz*）中首次出場。為了提供動力給 Tik-Tok，必須有人定期為發條機器人扭緊三個發條彈簧，分別驅動其思想、動作或言語能力。例如只啟動機器人的思考，而不給予行為或言談動力，創造出一個孤立的「盒裝人工智慧」。或者發動言語能力但不發動思想，讓機器人發出粗俗的聲響，但沒有適當的語音處理能力。即使全面啟動，機器人的語言處理模組也不是完全自然的，這從他單調的發音，以及對許多問題和命令都嚴謹地照字面解釋即可明顯看出。根據作者鮑姆的說法，Tik-Tok「除了活起來以外，什麼都做得到」，它沒有任何情感，被鞭子抽打時也不會受傷，因為鞭打只是幫它的銅軀殼「打磨拋光」。

Tik-Tok 很清楚自己的身分。有人感謝他的善良，他卻回答：「我只是一臺機器，不懂得仁慈，也不會懊悔或開心。」儘管這本小說似乎是針對年輕讀者，但鮑姆使我們讀著讀著便對人工智慧的未來產生了興趣。情感是人與機器之間的主要區別嗎？關於人工智慧的設計與可能在思維機器上設置的限制，我們受文學和電影的影響有多大？

亞歷克斯・古迪教授（Alex Goody）寫道，「要理解一個世紀對於科技發展懷抱的美夢與惡夢，改造人、機器人和其他機械體是關鍵要角，它們具現了人類對於科技越界侵害的恐懼，暗示了藉由科技超凡入聖的機會，並且對個性化、差異化人類主體這樣的觀念提出質疑。」

**另可參考**

- 約 1220 年　蘭斯洛特的銅騎士　P.15
- 1868 年　《草原上的蒸汽動力人》　P.51
- 1942 年　艾西莫夫的機器人三大法則　P.73
- 1954 年　自然語言處理　P.91
- 1993 年　萬無一失的「人工智慧隔離箱」　P.157

---

鮑姆的小説《奧茲國女王》一九一四年版的封面，為約翰・R・奈爾（John R. Neill, 1877-1943）的繪畫作品。

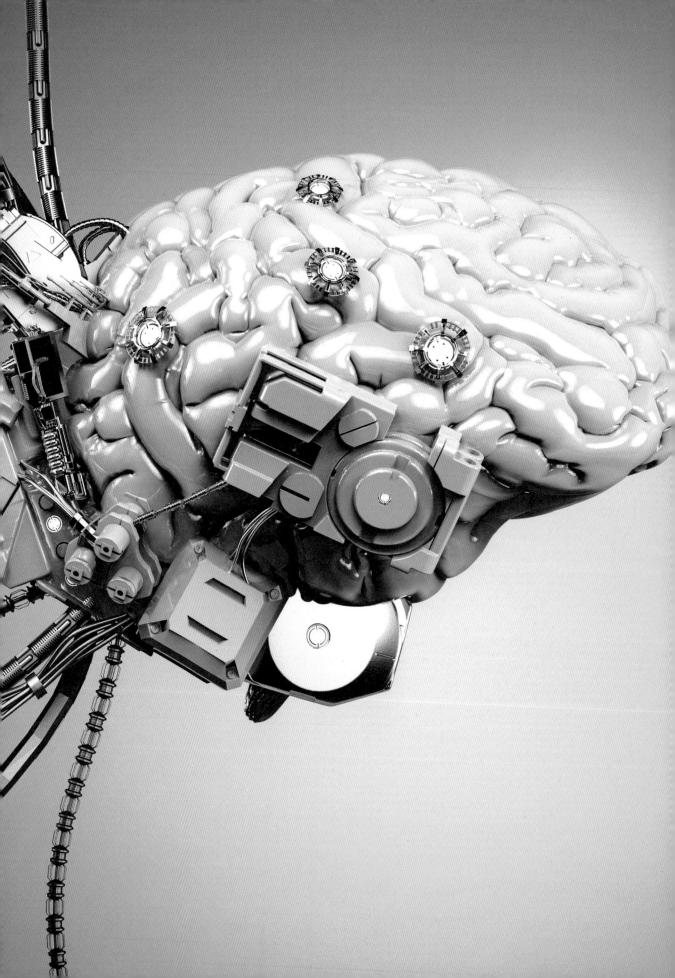

# 尋找靈魂

**電**腦科學家艾倫・圖靈（Alan Turing，1912-1954）在一九五〇年的論文〈運算機器與智能〉（"Computing Machinery and Intelligence"）中寫道，當我們嘗試構建人工智慧機器時，並非「大不敬地篡奪」上帝「塑造靈魂的力量，這僅僅和生育孩子差不多；無論哪種情況，我們都是上帝旨意的工具，為祂創造的靈魂提供美好住所」。有些未來主義者認為，隨著我們對大腦結構了解得愈透徹，便有可能藉由模擬思維或將思維的各層面上傳電腦並創造有意識的人工智慧。這些推論以唯物論的觀點為基礎，而在這樣的觀點中，人的心智源自大腦活動。另一方面，十七世紀中葉的法國哲學家笛卡爾（René Descartes，1596-1650）則認為，心智或「靈魂」是與大腦分別獨立存在的。在他看來，「靈魂」會透過像松果體這樣的器官連接到大腦，由此器官做為大腦和心靈之間的門戶。

各種關於靈魂與物質分離的觀點都反映了心物二元論的哲學思想。一九〇七年，美國醫師鄧肯・麥杜格爾（Duncan MacDougall，1866-1920）為了證明此概念，將瀕死的結核病患者放在秤重儀器上。他認為在死亡的那一刻、在靈魂脫離時，秤上顯示的重量應該會減輕。麥杜格爾的實驗結果測得的靈魂重量為二十一公克。可惜的是，這項實驗結果僅發生這一次，之後麥杜格爾和其他研究人員再也做不出來了。

有些實驗顯示，我們的思想、記憶和性格會因為大腦區域受損而改變，大腦造影成像研究則能把情感和思想區塊顯現出來，這些實驗結果更加證明了以唯物論看待身心的觀點。舉個有趣的例子，右腦前額葉的損傷可能導致性情大變，使人對高檔飯店和精緻美食突然愛得無法自拔，這種情況被稱為「**美食家症候群**」（gourmand syndrome）。當然，二元論主義者如笛卡爾可能會反駁說，正因為心智思維透過大腦進行，大腦受損害才會連帶地改變行為。例如，如果汽車方向盤被拆掉，車子運行情況就會有所不同，但這並不代表沒有司機在開車，而司機並不屬於車體。

**另可參考**

- 1714 年　心智工廠　P.29
- 1957 年　超人類主義　P.97
- 1967 年　活在擬仿之境　P.119
- 2001 年　史蒂芬・史匹柏的《A.I. 人工智慧》　P.171

---

圖靈寫道，當我們有一天創造出先進的思維機器時，人類並非僭越了上帝創造靈魂的力量，這只是和生育孩子差不多。

## Fig.1

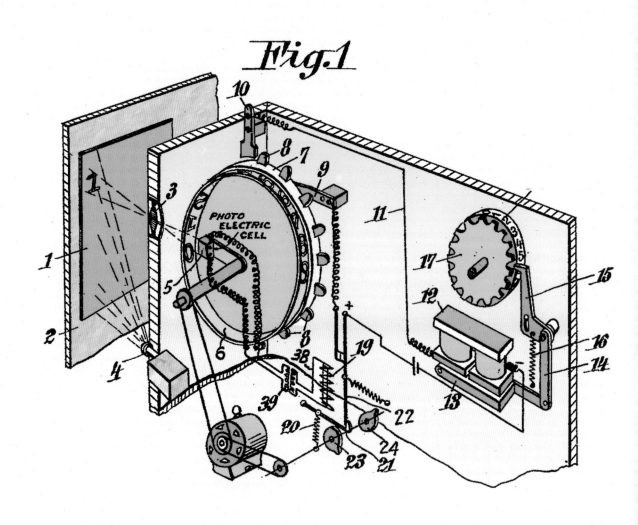

# 光學字元辨識（OCR）

一九一三年

「**大**多數人唯一比別人擅長的事情就是辨認自己的筆跡。」這句話常被人認為出自美國總統約翰·亞當斯（John Adams）之口。確實，人們追求有能力讀取印刷字母的自動化系統已經很久了。**光學字元辨識**（optical character recognition, OCR）牽涉到不少研發領域，如電腦視覺、人工智慧、圖形辨識等，意指將多種文字呈現（例如手寫、印刷、打字）的原始圖像轉換為機器編碼的文本。例如，機器可以掃描並辨識信封、車牌、書頁、路牌或護照上的文字，有時也為盲人將文字轉換為語音。

OCR 領域的初期研發者是出生於俄羅斯的科學家伊曼紐·古德堡（Emanuel Goldberg，1881-1970），他在一九三一年為其文件搜索裝置取得了專利，該裝置能夠用光電電池和圖形辨識來搜索微縮膠片文件上的訊息。更早些，約一九一三年，愛爾蘭物理學家埃德蒙·達貝（Edmund Fournier d'Albe，1868-1933）發明了**盲人光電閱讀裝置**（optophone），可透過光感測器掃描文本並合成與字母相對應的語音來輔助盲人閱讀。一九七四年，美國發明家雷·庫茲維爾（Ray Kurzweil，1948-）為盲人創造了一種閱讀機，可以掃描多種不同字體的文本並以語音輸出。

OCR 在處理資訊時通常需要許多有趣的步驟，例如依情況所需將文字以幾何圖形傾斜、消除噪聲、使筆畫邊緣平整等。系統在辨認字元時，會與儲存的字元進行比較並且／或將特定的圖形特徵（例如圓環和線條）列入考量。

有個領域與 OCR 密切相關，那就是**手寫識別**（handwriting recognition, HWR）。HWR 在識別書寫中的文字時，可能還需捕捉並分析筆的運動影像。HWR 通常會動用 OCR，但也可能需要從給定的上下文來判定最合理的字詞以提高準確性。人工神經網路也可用於提升 OCR 和 HWR 的性能。

**另可參考**
- 1943 年　人工神經網路　P.77
- 1952 年　語音辨識　P.89
- 1959 年　機器學習　P.99

---

圖中畫的是奧地利工程師古斯塔夫·陶斯切克（Gustav Tauschek，1899-1945）研發的閱讀機，美國專利第二〇二六三二九號。用來對比的裝置（磁盤 6）上面有依照字母筆劃切出的缺口，當一字元和某字母形狀孔洞的圖像可相應疊合時，符合的字母就會被打印出來。

FEDERAL USA WORK WPA THEATRE
MARIONETTE THEATRE
PRESENTS
RUR
REMO BUFANO DIRECTOR

# 《羅素姆萬能機器人》

**捷**克藝術評論家兼劇作家卡雷爾·恰佩克（Karel Čapek，1890-1938）在一九二〇年發表了劇本《羅素姆萬能機器人》（*R.U.R. [Rossum's Universal Robots]*），將「robot」一詞引進英語。

劇作中的機器人有血有肉，但組裝在大桶子中。它們在工廠中勞動，為人類服務（基本上是廉價工具），使人類擁有大量的休閒時間。但是，關於機器人的權利和人道的問題引發了辯論。主角之一的海倫娜希望能釋放機器人，不再奴役它們。始料未及的是，在全世界被廣泛使用的機器人最終消滅了人類，但因為機器人並不具備繁衍自己的神祕公式，它們最終也會消逝。故事結尾，兩具特殊的機器人墜入愛河，代表著開創地球未來的新一代亞當和夏娃。

**機器人**（robot）一詞來自捷克語 *robota*，意指苦工、勞役。這部劇作的地位之所以如此重要，是因為它迫使人們思考人工智慧技術不斷發展所帶來的影響——不僅是工作就業問題和對人類社會可能造成的非人道影響，還得考慮人類整體的生存安危。我們該在哪裡為人類與思維機器畫下界限？這種機器何時會進展到能為自己聲討權利甚或威脅人類？作家蕾貝卡·斯特福夫（Rebecca Stefoff）認為《羅素姆萬能機器人》帶來的啟發是，「縹緲難定的人性閃現於如何感覺與如何行動，而不是如何被創造出來。」

「這部作品富有哲思又能製造話題，甫一面世就被公認為精采傑作，並已成為反烏托邦文學的經典之作。」牛津大學的哲學與資訊倫理學教授盧西亞諾·弗洛里迪（Luciano Floridi，1964-）如此寫道。劇中的概念令人震撼，使得這齣戲到了一九二三年已被翻譯成三十多種語言。一九二二年，該劇在紐約舉行美國首演，後來在紐約上演了一百多場。

### 另可參考

- 1927 年 《大都會》 P.67
- 1950 年 《人有人的用處：控制論與社會》 P.85
- 1965 年 智慧大爆發 P.109
- 1993 年 萬無一失的「人工智慧隔離箱」 P.157

---

一九三九年，由木偶操縱師雷莫·布法諾（Remo Bufano）在紐約執導的《羅素姆萬能機器人》演出海報。這場表演由聯邦劇場計畫（Federal Theatre Project，1935-1939）贊助，屬於羅斯福新政的計畫之一，旨在資助美國大蕭條時期的藝術創作。

# 《大都會》

一九二七年的默片《大都會》（*Metropolis*）由弗里茲・朗（Fritz Lang，1890-1976）執導，編劇是西婭・馮・哈布（Thea von Harbou，1888-1954），片中的發明家洛宏曾說，他製作的機器人永遠不會疲倦或犯錯，而這些未來的工人將與人類難以區別。劇中的人類居住在一座未來城市裡，分為統治城市的有閒階層，以及在地底下操作龐大機械、辛勤勞動的下層階級。

女主角瑪麗亞是一位年輕女子，很關心工人艱苦的生活。這部影像教人難忘的電影逐漸鋪陳情節，洛宏製造了一具貌似瑪麗亞的機器人，試圖破壞她在工人中的聲譽並阻止叛亂。這具擬仿瑪麗亞的機器人實際上卻促使工人起義，後來遭到逮捕並被綁在柱子上處以火刑。熊熊燃燒之際，機器人瑪麗亞類似人類的外表融化了，露出裡面看起來帶有金屬質感的機械軀殼。

本片主旨「大腦和肌肉之間的介質必定是心」探討到了人類與人工智慧之間的本質差異。在思考《大都會》帶來的影響時，未來主義者湯瑪斯・隆巴杜（Thomas Lombardo）寫道：「事實上，科幻小說中的機器人象徵著人類和機器的綜合體——人類變得像機器一樣，被其技術所創造的成果同化。同樣地，機器也更像人類，包含我們最糟糕的品質和特徵。……它具現了我們對科技的恐懼，以及對自己未來會變成什麼樣子所感到的恐懼。」

《大都會》探討的主題在後來的現代科幻電影中得到了呼應，例如一九八二年的影史經典《銀翼殺手》（見141頁）及其片中的合成人。當然，過度依賴科技以及勞動力在人工智慧時代的前途發展當今也依然是熱門議題。隨著人工智慧實體愈來愈易被誤認為人類，《大都會》在未來仍具有重要意義。如果人工智慧能夠模仿我們信任或尊敬的人，或者變成了令我們痴愛戀慕的「擬真人」，那後果將無比深遠。

**另可參考**
- 1920 年　《羅素姆萬能機器人》　P.65
- 1950 年　圖靈測試　P.83
- 1976 年　人工智慧倫理　P.135
- 1982 年　《銀翼殺手》　P.141

---

卡內基科學中心位於賓州匹茲堡，裡頭的機器人名人堂展出了電影《大都會》中的機器人瑪麗亞。

# 電動人 Elektro

Elektro 應該在本書中占有一席之地，因為它被譽為世界上最早的「名流機器人」之一和「美國現存最古老機器人」的其中一員。

Elektro 是由西屋電氣公司（Westinghouse Electric Corporation）製造的，並在一九三九年於紐約舉行的世界博覽會上展出，旋即造成轟動。這個高二‧一公尺的人形機器可以回應語音命令並做出行動，能說數百個單詞，甚至會抽菸。它的光電眼睛可分辨紅色和綠色光線。一九四〇年，Elektro 出場時多了個伙伴，一隻會吠叫和移動的機器狗 Sparko。為了欣賞它二十分鐘的表演，數不清的世博觀眾大排長龍。

許多人以為，Elektro 能辦到那些事是因為有人躲在機器人的寬厚裝束裡頭，Elektro 的設計師便故意在它身上開了一個洞，證明 Elektro 貨真價實。Elektro 其實是靠著凸輪軸、齒輪和馬達的作用來移動頭部、嘴部和手臂。發明 Elektro 的工程師約瑟夫‧巴內特（Joseph Barnett）利用一連串每分鐘七十八轉的電唱機與繼電器開關相連接，

為它產生七百字的詞彙。這部機器人能夠說出「我的腦子比你的更大」之類的語句，然後再根據聽到的單字或音節的數量來回應對話。例如，三個字（無論什麼字）能夠驅動使 Elektro 停止動作的繼電器。不過 Elektro 和 Sparko 無法走太遠，因為它們實際上是由附近的操作員透過其腳旁的連接電纜來控制的。

多年來，「電動人」（Moto-Man）Elektro 讓許多小孩紛紛立志投身工程科學。它還在一九六〇年的喜劇電影《性感小貓上大學》（Sex Kittens Go to College）中露臉，之後很快地被拆卸除役，頭部送給了西屋公司的一名員工做為退休禮物。二〇〇四年，Elektro 各部位又被重新發現，最終再次組裝合體。

## 另可參考

- 約 1495 年　達文西的機械武士　P.23
- 1868 年　《草原上的蒸汽動力人》　P.51
- 1966 年　機器人 Shakey　P.117
- 2000 年　ASIMO 與伙伴們　P.169

一九三九年到一九四〇年間於紐約世界博覽會上展出的「電動人」Elektro。

THE VODER

# 語音合成

許多讀者或許都聽過天文物理學家史蒂芬·霍金的合成人聲，因為運動神經元疾病而導致無法自然說話的他，多年來一直使用語音合成器和機器人聲發出聲音。事實上，電腦系統將文字轉換為語音的功能已能滿足許多用途，包括為視障人士、幼兒或閱讀障礙者大聲朗讀文本。合成語音與各種個人數位助理結合後，能讓電腦系統給人一種與真人互動的感覺，現今的新方法甚至利用神經網路來模擬某個真人的獨特自然語言。因此，在我們生活的這個世界上，愈來愈難確知自己聽到的聲音是否真的是由我們信任的那個人（如業務伙伴、父母、孩子）產生的。當某人可以「竊取」他人的聲音並用它講出任何想說的話語時，會發生什麼事？

語音合成系統已藉由各種方法實現了。例如，工程師可以儲存數位化的語音單元並在回放時將它們串接在一起，或以**共振峰合成**（formant synthesis）的方法來應用聲波信號（即共振峰）的獨特頻率分量。人的聲道模型則可透過**構音合成**（articulatory synthesis）模擬。當然，簡單的系統（如發聲時鐘、汽車、玩具和計算器）只需要儲存幾個預先錄製的字詞，之後再反覆播放即可。

將文本轉換為聽起來自然且可理解的語音有許多挑戰需要克服。例如，需考慮如 tear（眼淚／撕裂）、bass（低音／鱸魚）、read（閱讀／有學問）、project（計畫／投射）、desert（遺棄／沙漠）這一類單字的各種英語發音，這些字的發音會根據其說話語境的意思不同而變化。

早期語音合成的重大突破之一應該歸功於工程師荷馬·達德利（Homer Dudley，1896-1980），他發明了聲碼器（vocoder，即語音編碼器〔voice encoder〕），能夠利用各種電子濾波器以電子技術產生語音，而他的另一項發明，語音操作演示器 VODER（voice operation demonstrator）則採用了控制臺，操作員可在其中創造出語音。VODER 在一九三九年紐約世界博覽會上展出時，表演了模仿人類聲道的音效。

**另可參考**
- 1952 年　語音辨識　P.89
- 1954 年　自然語言處理　P.91
- 1976 年　人工智慧倫理　P.135

---

VODER 模擬人類發聲音效，在一九三九年紐約世界博覽會上吸引了眾多觀眾。操作員可在套用 VODER 的控制臺上製造語音。

**192 PAGES**

SPRING 1977
$1.00

FIRST ISSUE

# Isaac Asimov's

## SCIENCE FICTION MAGAZINE

™

K 48141   55p

Isaac Asimov
Charles N. Brown
Arthur C. Clarke
Gordon R. Dickson
Martin Gardner
Edward D. Hoch
George O. Smith
Sherwood Springer
John Varley

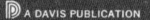 A DAVIS PUBLICATION

ISAAC ASIMOV'S SCIENCE FICTION MAGAZINE ™ SPRING 1977 $1.00

# 艾西莫夫的機器人三大法則

隨著人工智慧和機器人技術在未來幾十年的發展，應制定哪些約束條件或法規來確保此類實體不會做出危害人類的行動？一九四二年，作家兼教育工作者以撒‧艾西莫夫（Isaac Asimov，1920-1992）在一篇描述智能機器人與人類互動的短篇小說〈轉圈圈〉中，介紹了著名的「機器人三大法則」。此三大法則為：一、機器人不得傷害人類，或坐視人類受到傷害；二、除非違背第一法則，否則機器人必須服從人類命令；三、除非違背第一或第二法則，否則機器人必須保護自己。艾西莫夫後來又寫了許多故事，闡述這些簡單的法則可能會帶來的意想不到後果。

後來，他擴充了三大法則，補上了另一條：「機器人不可傷害整體人類，也不可知道全人類將受害而袖手旁觀。」這些法則不僅對科幻小說寫作具有重要性，也影響了人工智慧研究。人工智慧專家馬文‧明斯基（Marvin Minsky，1927-2016）表示，得知艾西莫夫提的法則之後，他便「不停地思考人的頭腦是如何運作的。無疑地，總有一天我們會造出能夠思考的機器人。但是它們的思考會如何進行？又會想些什麼？對於某些目的，邏輯推演當然適用，但不見得其他情況也管用。而且該

怎麼讓製造出來的機器人具有常識、直覺、意識和情感？就此而言，大腦又是如何產生這些的？」

這些法則之所以值得注意且實際有用，在於它們導出了無數可討論的議題。除了艾西莫夫所提的，我們還可以增補其他法則嗎？機器人不應該假裝自己是人類嗎？機器人有必要「知道」自己是機器人嗎？它們是否應該總能為自己的行動解釋理由？萬一恐怖分子不讓每部機器人都了解全盤計畫，因此許多機器人在不違反第一法則的情況下遭到利用而傷害人們，該怎麼辦？我們還可以設想在某些情境中，這些法則對機器人行為的作用有多麼巨大，例如無法同時照料大量傷兵的機器人軍醫不得不執行檢傷分類，或是自動行駛的無人車必須決定要撞向玩耍的孩童，還是墜入懸崖導致乘客死亡。最後得問，若考慮到機器人的交互作用可能要等到許多年後的未來才看得到後果，它能否真正判定何謂「傷害全人類」？

## 另可參考

以「機器人三大法則」聞名的作家艾西莫夫於一九七七年在他的科幻雜誌封面上亮相。他在這本雜誌中寫了〈思考！〉（"Think!"）這篇故事，進一步發展了人工智慧的概念。

# 奪命軍武機器人

二十世紀許多場戰爭都使用了機器人。例如第二次世界大戰期間，德意志國防軍的所有作戰前線自一九四二年起開始使用自走小坦克歌利亞（Goliath）。攜帶高效炸藥、無人操控的歌利亞藉由電纜連接進行遙控，可以自爆，與其預定目標一同炸毀。

現在的無人機（無人駕駛飛行運輸器）可以配備導彈做為有效的武器系統，但被「允許」摧毀目標前，通常需要遠端人員輸入授權。值得一提的是，二〇〇一年，一架 MQ-1「掠食者」在阿富汗發動了有史以來第一次無人機致命空襲。未來可能運用這類**殺人自動武器**——真的在無人力介入的情況下選擇並攻擊目標——的相關爭議不斷。如今，自動防禦系統確實存在，像是可自動辨識且擊落來襲飛彈的機器設備。

使用軍事機器人的優點可能不少：永遠不會疲倦或表現出恐懼；能迅速完成由人類飛行員執行可能導致傷亡的飛行特技；有可能挽救士兵的生命並減少受牽連的物資損害與平民傷亡。原則上經由設定指令，可讓機器遵循各種規則，例如在不確定目標是平民或戰鬥人員時禁止開火、判斷是否有權使用致命武力等。而對平民造成的潛在傷害，或許能以軍事目標的大小為參照比例，據此進行程式設定與限縮。臉部辨識軟體則能提高準確性，讓軍事機器人與士兵並肩作戰，增強士兵能力，就像今日使用軟體或機器技術來協助醫療手術一樣。但是，應該賦予這類戰鬥機器多少自主性？如果機器人出乎意料地襲擊學校，誰該負責？

二〇一五年，為數眾多的人工智慧專家連署了一封信件並提出警告，當自主殺人武器被用於軍武目的時，一旦擺脫人類控制將非常危險，可能導致全球人工智慧軍備競賽。這封警示信由物理學大師史蒂芬·霍金、企業家埃隆·馬斯克（Elon Musk）、蘋果公司共同創辦人史蒂夫·沃茲尼克（Steve Wozniak）和語言學巨擘諾姆·喬姆斯基（Noam Chomsky）等知識分子共同署名，於國際人工智慧聯合會議（International Joint Conference on Artificial Intelligence）上提出。

### 另可參考

畫家想像的自動攻擊無人機經由視覺辨識敵方坦克並經人工智慧確認後，發動了攻擊。

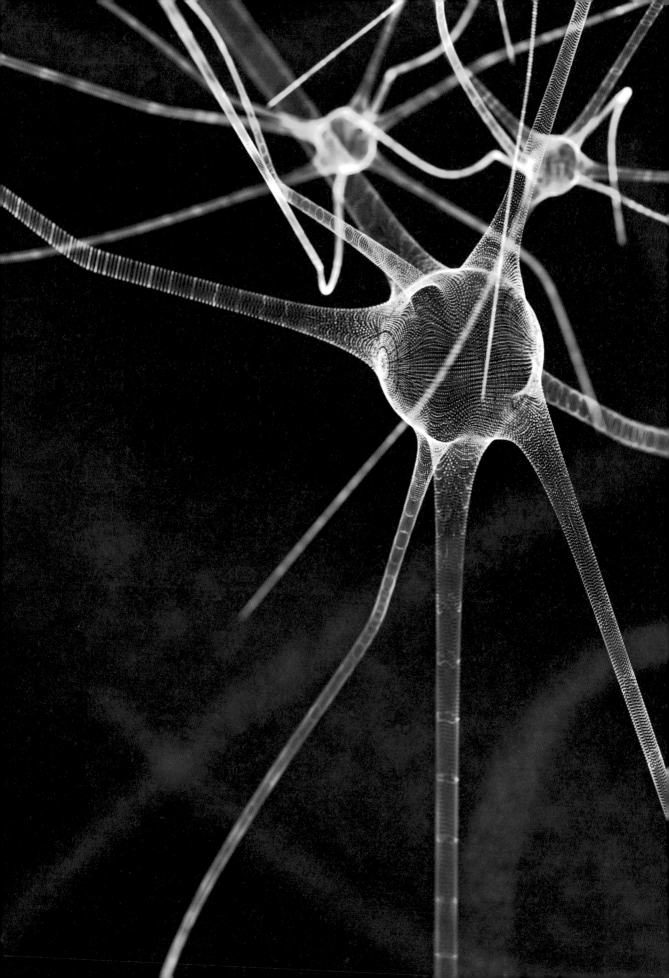

# 人工神經網路

**在** 圖解中，人工神經網路（ANN, artificial neural network） 通常宛如夾心蛋糕，有著糖霜和層層堆疊的蛋糕片。若按本書的說明，這些一層又一層的結構包含了許多神經元，其形式則是簡單的運算單位。這些神經元會受「激發」，並將激發能量傳播到其他相連的神經元。該傳遞多少激發能量由權重（weight）因子或稱力量（strength）因子決定。訓練期間，各種權重和閾值從初始的隨機狀態逐漸調整，而隨著這類變化，系統將學習到如何完成某些任務，例如辨識大象的圖像——剛開始的功課是分析被標記為「大象」和「非大象」的大量圖片。基礎的神經網路功能持續出現各種修改升級，比如能夠反向傳遞資訊的**反向傳播**（backpropagation）。神經網路現已見於各種研究和實際應用，包括遊戲、車輛控制、藥物研發、語言翻譯，以及醫學成像中的癌症檢測。

一九四三年，神經生理學家沃倫・麥卡洛克（Warren McCulloch，1898-1969）和邏輯學家沃特・皮茨（Walter Pitts，1932-1969）在《數理生物學期刊》發表知名論文〈神經活動內在思想的邏輯演算〉（"A Logical Calculus of the Ideas Immanent in Nervous Activity"），探討了一些神經網路的基本計算模型。一九五七年，法蘭克・羅森布拉特（Frank Rosenblatt，1928-1971）發明了用於圖形辨識的感知器演算法（perceptron algorithm），並很快地在電腦硬體上執行。進入二十一世紀，分散式計算（distributed computing，例如分散在網路串連的不同電腦上）和圖像處理器（GPU, graphical processing unit）都大大提升了人工神經網路的實用性。

人工神經網路深受生物神經網路的啟發，且是實現機器學習的方法之一，讓電腦不再需為任務特地設計程式就能表現出學習能力。「深度學習」的概念包括了多重的人工神經網路，因為這類網路有助於構建豐富的中間表示法（intermediate representation）。但挑戰也隨之而來，刻意操縱輸入內容就能欺騙人工神經網路，使其給出明顯不正確的答案。另外，人工神經網路如何與為什麼會提供某個答案也不易理解。儘管如此，鑑於神經網路的最新應用帶來的幫助，Google 人工智慧專家傑夫・迪恩（Jeff Dean，1968-）說：「動物發展出眼睛是進化的一大躍進。現在電腦得到自己的眼睛了。」

**另可參考**

生物神經網路或多或少啟發了人工神經網路，如大腦中相互連接、彼此傳遞信號的神經元。

# ENIAC

從一九四六年的各大報頭條即可看出人們對 ENIAC 和未來將發展出會思考的機器有多麼欣喜若狂。《費城詢問報》（The Philadelphia Inquirer）說「機械大腦擴大了人類的視野」，《克利夫蘭誠懇家日報》（The Cleveland Plain Dealer）則宣稱「計算器使人類相形失色」，並表示這預告了「人類思維領域的新紀元」。所有媒體都關注著隨著先進科技水準而進展的「思維」電子化，自然而然也促使了全世界開始想像更多人工智慧的可能性。

ENIAC 來自於電子數值積分器和計算機（Electronic Numerical Integrator and Computer）的縮寫，由賓州大學的美國科學家約翰・莫齊利（John Mauchly，1907-1980）和 J・皮斯普・艾克特（J. Presper Eckert，1919-1995）所製造，是最早用於解決數學問題、可改程式編碼的數位化電子計算機之一。最初的研發目的是為美國陸軍計算砲彈射擊的數值參照表，不過設計氫彈才是它第一次大顯身手的時刻。

造價近五十萬美元的 ENIAC 於一九四六年啟用後，直到一九五五年十月二日關機為止，幾乎是無時無刻運轉。其零件包含一萬七千多支真空管和大約五百萬個手工焊接的接合點，使用 IBM 生產的讀卡暨打孔機執行資料輸入和輸出。一九九五年，一組工程系學生在史畢格教授（Jan Van der Spiegel）帶領下，在一顆積體電路上「復刻」了近三十噸重的 ENIAC！

一九三〇、四〇年代還有其他重要的電子計算設備，如一九三九年十月登場的美國「阿塔納索夫－貝瑞」計算機（Atanasoff-Berry Computer）、一九四一年五月亮相的德國 Z3 和一九四三年十二月問世的英國「巨匠」（Colossus）。不過這幾部機器既非完全電子化，功能也沒有那麼全面。

ENIAC（美國專利編號第三一二〇六〇六號，一九四七年建檔）的專利作者這樣描述它：「隨著每天都要處理大量複雜計算的日子降臨，運算速度已變得無比重要。然而，當今市面上卻沒有任何一部機器能夠滿足這種現代計算需求。……本專利發明旨在將這種冗長耗時的計算工作縮短在幾秒鐘內完成……。」

**另可參考**

- 約西元前 190 年　計算板／算盤　P.9
- 1822 年　查爾斯・巴貝奇的機械計算機　P.43
- 1949 年　《巨大的腦，或思考的機器》P.81

---

ENIAC 是最早用於解決各種數學問題、可改程式編碼的數位化電子計算機之一，其零件包含了一萬七千多支真空管。

SEQUENCE INDICATORS

| 24 | 31 | 32 | 33 | 34 | MAIN SEQUENCE | 10 | 9 | 8 | 7 |

START BUTTONS

| STEP BACK | STEP FORWARD | | MAIN SEQUENCE | 10 | 9 | 8 | 7 |

MECHANISM NO. 3

STEP BUTTONS

| 24 | 31 | 32 | 33 | 34 | MAIN SEQUENCE | 10 | 9 | 8 | 7 |

IT LIGHTS

# 《巨大的腦，或思考的機器》

一九四九年，美國電腦科學家埃德蒙·伯克利（Edmund Berkeley，1909-1988）出版《巨大的腦，或思考的機器》（*Giant Brains, or Machines That Think*），很可能是第一本與電腦知識相關的科普書籍。由於書中在描述電子計算機時使用了「大腦」一詞，並加上「思考」此字眼，對於這是否妥當的提問因此成了本書最引人注意之處。相關討論耐人尋味，很多至今仍餘音迴盪。書中寫道：「最近有許多關於巨型機器的新奇傳聞，據說這種機器能極快速且熟練地處理訊息。這些機器能計算並思考，其中某些比其他機器更靈光——能夠應付更多種類的問題……人因壽命長度限制而來不及處理的問題，它們都能解決……這些機器就像是血肉和神經改用硬體與電線取代後所組成的大腦，因此稱之為機器腦是理所當然的。」

更了不起的是，作者寫書當下，人們實際上並不知道電腦為何物。真正製造出來的「巨腦」還很稀少，伯克利在書中討論了其中幾部，包括麻省理工學院的微分分析器二號機（Differential Analyzer Number 2）、哈佛大學的馬克一號（Mark I，又名 IBM 自動化序列控制計算機〔IBM Automatic Sequence Controlled Calculator, ASCC〕）、賓州大學摩爾工程學院的 ENIAC、貝爾實驗室的通用繼電器計算機（General-Purpose Relay Calculator）以及哈佛大學學生研發的克林－博哈特邏輯真計算機（Kalin-Burkhart Logical-Truth Calculator），這還只是一部分。一九六一年，伯克利在增補的書末註釋中指出，有朝一日，機器甚至能有「直覺」：「也許直覺性思維的過程，就是人在腦海中飛快環顧掃描了種種可能並進行迅速評估，因此得出結論時幾乎沒有意識到自己是如何產生該想法的。如果是這樣，那當然也可以對電腦進行程式編輯，使其展現出我們所謂的直覺思維，不過電腦獲得結論的方法是可分析得知的。」

**另可參考**

- 1651 年　霍布斯的《利維坦》　P.27
- 1714 年　心智工廠　P.29
- 1946 年　ENIAC　P.79
- 1970 年　《巨神兵：福賓計畫》　P.127
- 2015 年　〈叫它們人造外星人〉　P.185

---

一顆「巨大的腦」。圖中為 IBM 自動化序列控制計算機（又稱哈佛·馬克一號）的序列指示燈和切換開關。此機器位於哈佛大學一棟科學大樓中。

# 圖靈測試

**法**國哲學家狄德羅（Denis Diderot，1713-1784）曾說：「如果我們能找到一隻對什麼都能答話的鸚鵡，我會毫不猶豫地說牠聰明、懂得思考。」這引出了一個問題：經過完善程式編輯的電腦是否可被認為是「會思考」、有心智的實體？一九五〇年，英國電腦科學家艾倫·圖靈在其知名論文〈運算機器與智能〉中試圖回答此問，該篇論文刊登於哲學期刊《心靈》（*Mind*）。圖靈主張，如果電腦的行為表現與人類相同，我們大可稱其為有智能的，然後他提出了一項特殊的測試方法，可評估任何一部電腦的智能：想像某部電腦和某個人都藉由書面打字回答一些問題，問題同樣以打字呈現且由某一位人類評估員提出，但評估員無法看到是人或機器在作答。如果評估人員分析回答後，無法辨別回答者是人類還是電腦，就代表電腦通過了考驗，這就是今日被稱為「圖靈測試」（Turing test）的標準做法。

如今每年都會舉行羅布納競賽（Loebner competition），部分用意是為了以圖靈測試考驗電腦的模仿能力，獎勵那些最接近此一目標的程式設計師。當然，這些年來圖靈測試引起了許多辯論與爭議。例如，如果電腦智能實際上遠高於人類，那麼它還得假裝智能程度較低，因為測試的重點是模仿人類。結果，參賽者經常使用欺騙和搞笑手法來製造打字錯誤，更改對話主題，穿插玩笑話語，反問評審問題等，以此愚弄評估員。二〇一四年，由俄羅斯程式設計師開發的對話型機器人通過了某一版本的圖靈測試，它假裝自己是個名叫尤金·古斯特曼的十三歲烏克蘭男孩。

另一個質疑圖靈測試價值的理由是，評審人員的專業度容易影響測試結果。然而，無論該測試能夠檢測的智能程度為何，肯定都會激發程式設計師和電腦工程師的創造力。

**另可參考**

- 1863 年　〈機器中的達爾文〉　P.49
- 1949 年　《巨大的腦，或思考的機器》　P.81
- 1954 年　自然語言處理　P.91
- 1964 年　心理治療師 ELIZA　P.105
- 1980 年　中文房間　P.139
- 1988 年　莫拉維克悖論　P.151

圖靈測試的目的是為了探知機器能否表現出與人類行為無異的心智反應。

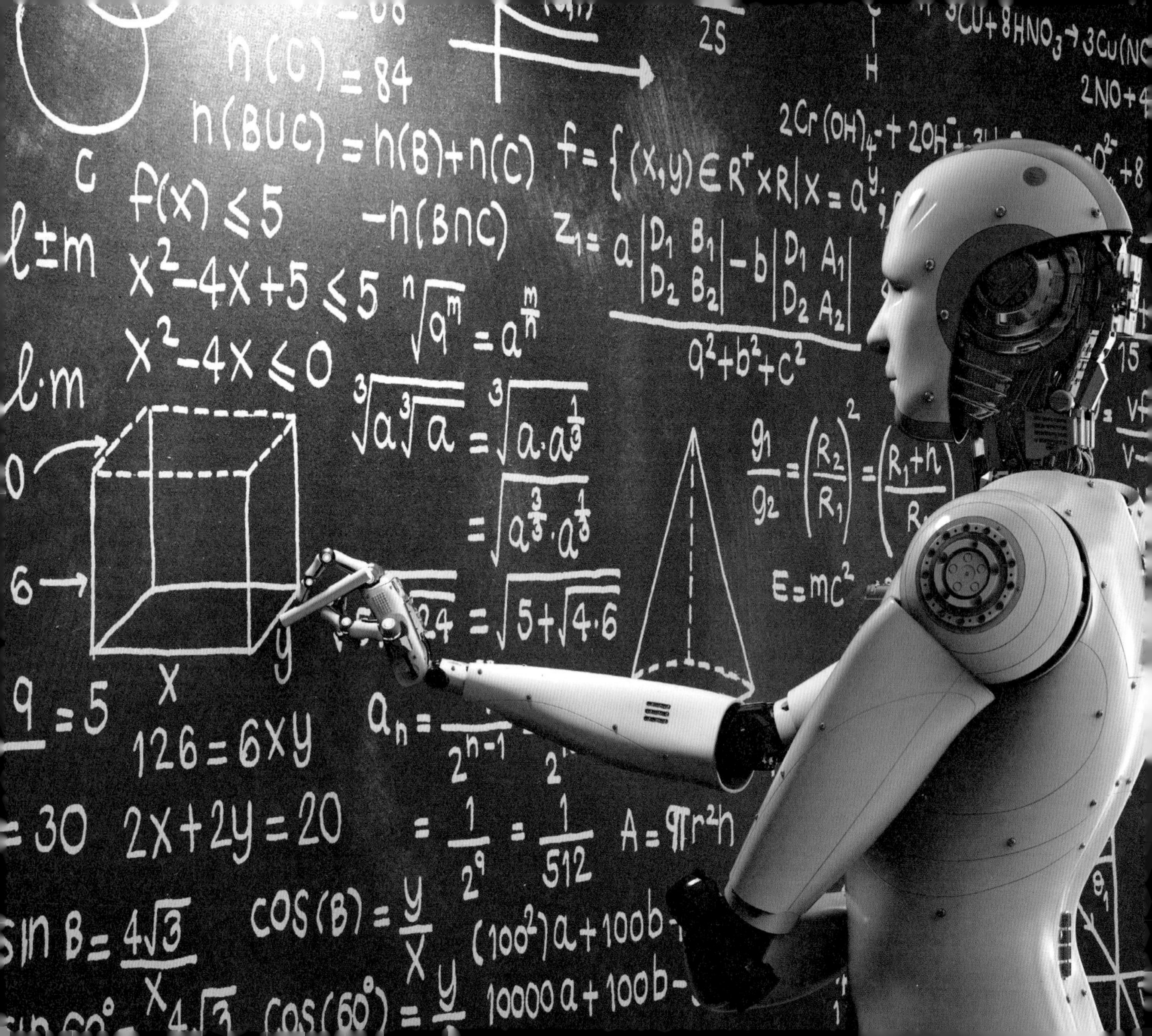
n(C) = 84
n(BUC) = n(B)+n(C)
-n(BnC)
f(x) ≤ 5
x²-4x+5 ≤ 5
x²-4x ≤ 0
l±m
l·m
f = {(x,y) ∈ R⁺×R | x = a
a²+b²+c²
E=mc²
126 = 6xy
2x+2y = 20
A = πr²h
cos(B) = y/x
10000a+100b-
2NO+4
2Cr(OH)₄⁻ + 2OH⁻
3Cu+8HNO₃ → 3Cu(NO

# 《人有人的用處：控制論與社會》

控制論這門學問旨在研究許多人力和科技領域中的反饋作用，而為控制論奠定基礎的重要人物之一就是諾伯特·維納（Norbert Wiener，1894-1964），一位影響力巨大的美國數學家和哲學家。根據人工智慧專家丹尼爾·克雷維耶（Daniel Crevier）的說法，維納認為反饋機制是「訊息處理設備：它們接收訊息，然後根據訊息做出決策」。維納也推測「所有智能行為都是由反饋機制產生的。也許所謂的智能，可以定義為接收和處理訊息的結果」。

維納的著作《人有人的用處：控制論與社會》（*The Human Use of Human Beings*，1950）探討了人與機器之間協同合作的方式，今日人們幾乎時時刻刻都在進行電子通訊則完全證明了他深具遠見：「本書旨在表明，欲了解社會運作，必得研究該社會的通訊機制與裝備；將來，訊息和通訊設施的發展，即人與機器之間、機器與人之間，以及機器與機器之間的聯繫注定會發揮愈來愈強大的作用。」

維納預先考慮到了未來人類將需要具有學習能力的機器，但他也警告，將決策過程交付給思路單一、毫無想像力的機器必須小心：「以做決策為研發目的的機器如果不具備學習能力，會完全變得死腦筋。如果由它決定我們如何處事，等於是為自己引禍上身，除非我們事前審查過它的行動準則，而且完全確定它的執行方式會遵照我們可接受的原則！〔機器〕若有學習能力，且能依據學習成果做決策，它的判斷就絕對不見得會與我們自己的判斷一樣，不然，它的決定就都是我們認可的。〔如果讓機器全權負責〕，而不管機器是否能夠學習，等於是魯莽地將自己的責任拋進風中，然後發現它夾帶凶暴狂風殺回來。」

這些警語對當今世人具有重要意義，許多未來學家皆已示警，表示有必要對全能人工智慧的發展訂定安全守則。

## 另可參考

---

維納在書中表明機器「若有學習能力，且能依據學習成果做決策，它的判斷就絕對不見得會像我們自己的判斷一樣，不然其決定就都是我們能認可的。」

# 強化學習

**強**化學習（RL, reinforcement learning）一詞會讓人想到在尋求獎勵的貓身上可觀察到的簡單行為。一九〇〇年代初期，心理學家愛德華·桑岱克（Edward Thorndike，1874-1949）將貓放入盒內，貓只有踩下開關才能從盒子裡逃脫。經過一番迷途亂闖，貓兒們最終會偶然地踩到開關，讓門打開，貓也會得到食物之類的獎勵。在貓學到這種行為與獎勵有聯繫之後，牠們的逃脫速度便愈來愈快，最終達到其最大逃出率。

一九五一年，認知科學家馬文·明斯基和他的學生狄恩·埃德蒙茲（Dean Edmunds）建置了 SNARC（Stochastic Neural Analog Reinforcement Calculator，隨機神經模擬強化計算器），這部神經網路機器由三千支真空管組成，可模擬四十個相連的神經元。明斯基用這臺機器設置場景，模擬老鼠在迷宮中找尋路徑。當老鼠偶然做到一連串有用的動作因而從迷宮中逃脫時，與這些動作相對應的聯繫得到強化，進而增強了所需的行為，因此更促進了學習。早期其他著名的強化學習裝置包括用來玩西洋跳棋（一九五九年）、井字棋（一九六〇年）和雙陸棋（backgammon）（一九九二年）的系統。

正如這些例子所暗示的，「強化學習」最簡單的定義是一種機器學習，在此一領域中，需要體驗、經歷多種狀態以獲取獎勵，或累積獎勵使之最大化。「學習者」在反覆測試後，就會發現哪些動作能產生最高的回報。如今，強化學習通常與深度學習結合，後者涉及大型的模擬神經網路，通常用於識別數據資料的模式。有了強化學習，系統或機器無需明確指示即可進行學習，自動駕駛汽車、工業機器人和無人機等機器都可藉由一次又一次嘗試犯錯的經驗來開發並提升技能。然而，需要大量數據和實作模擬，正是想要廣泛應用強化學習時將面臨的實際挑戰。

**另可參考**

---

強化學習是一種向軟體代理程式（software agent）傳授有用動作、好讓它累積獎勵至最大值的方式。早期著名的應用例子包括了破解迷宮，學習玩跳棋、井字棋和雙陸棋。

# 語音辨識

**最**新一期的《經濟學人》雜誌將現代語音辨識設備比喻為「施展魔咒」，使人們能夠「僅憑言語就操控世界」。這讓人想起小說家亞瑟・克拉克（Arthur C. Clarke，1917-2008）說過，任何科技只要夠先進，就會變得幾乎像是魔術。「語音運算技術（voice-computing）進展迅速，同樣證明了克拉克的看法……對著空氣下命令，周遭儀器設備乖乖照辦，滿足您的需求。」

語音辨識的科學技術使機器有能力辨識口語，這項科技的發展歷史悠久。一九五二年，貝爾實驗室開發了AUDREY 系統，採用真空管電路配置，能夠理解數字的讀音。十年後，IBM 在一九六二年西雅圖世界博覽會上展示的「鞋盒」（Shoebox）機器能夠理解十六個字彙，包括數字零到九，如果聽到像「加上」（plus）這樣的詞，它便會執行計算。一九八七年，美國玩具公司「歡樂仙境」（Worlds of Wonder）推出的娃娃「茱莉」能理解一些簡單語彙，還能回應對答。

使機器能夠辨識語音的技術發展至今早已不可同日而語。回顧早期發展，此技術運用的是隱馬爾可夫模型（HMM, hidden markov model），這是一種預測聲音是否對應某詞語相的統計方法，如今的識別技術則大量使用深度學習（即多層人工神經網路）來提高精準度。比方說，語音辨識系統可能會在嘈雜的環境中聽到一串音訊，它在訓練文本中讀過各種單字和詞語，此時藉著判定那些字詞出現的可能性，針對正在聽取的內容提出一些「猜測」，特殊軟體的應用程式甚至可能知道特定語彙被使用的機率，例如「腹部主動脈瘤」一詞出現的可能性有多高。決定依據則來自於該詞是經由放射醫學聽讀軟體所收到，還是在一部等待著簡單指令的車子裡聽到。

當然，今日在居家環境、車子、辦公室和行動電話中都內建了大量數位助理，能回應語音詢問和命令，還可以聽寫筆記。盲人和殘障人士也受益於語音輸入。

**另可參考**
- 1939 年　語音合成　P.71
- 1943 年　人工神經網路　P.77
- 1954 年　自然語言處理　P.91

---

IBM 的「鞋盒」機器聽著操作員說出數字和算術指令，如「五加三加八減九，等於多少？」

# 自然語言處理

一九五四年，IBM 發布新聞稿宣稱：「今天，經由一個根本不懂俄語的女孩在 IBM 卡片上打出的俄文訊息，俄文首度被電子『大腦』翻譯成英文……著名的 701 電腦……在幾秒鐘內，將幾個句子變成簡單可讀的英文。」新聞稿繼續解釋：「『大腦』以每秒兩行半的驚人速度讓自動列印機印出了英文譯文。」

一九七一年，電腦科學家泰瑞·維諾格拉德（Terry Winograd，1946-）編寫了 SHRDLU，該程式會把「將紅色方塊移動到藍色金字塔旁邊」這類命令轉換為實際動作。如今，**自然語言處理**（NLP, natural language processing）通常涉及許多人工智慧的子領域，包括語音辨識、自然語言理解（例如機器閱讀理解）和語音合成。其目標之一是促進人類與電腦之間的自然交流。

早期的自然語言處理通常需要以手動創建複雜的規則集，進入一九八〇年代後，愈來愈常使用機器學習演算法，這種演算法透過分析大量的輸入語言樣本來學習規則。自然語言處理的常見任務可能包括機器翻譯（例如將俄文翻譯成英文）、回答問題（「法國首都在哪？」）和情緒分析（對某一主題的觀感和態度）等。自然語言處理會分析輸入的文字、音訊和影片，並被運用於各種不同的領域，包括電子郵件的垃圾郵件過濾、為長篇文章做摘要，以及智慧型手機應用程式的問答系統。

自然語言處理技術仍有許多尚待克服的困難。例如在語音辨識中，相連接的詞語聲音相互融合，運算時還必須考慮到語法（即文法結構）、語義（即言語的意思）和語用（即為文目的或對話目標），再加上語言中有許多詞性歧義，一個詞在不同的上下文中具有不同的含義。如今，大量使用人工神經網路的做法已有助於提高準確性。

**另可參考**

---

一九五四年，研究計畫「喬治城大學與 IBM 合作實驗」（Georgetown-IBM experiment）舉辦了一場著名的公開展示，讓俄文透過 IBM 701 電腦這顆「電子大腦」自動翻譯成英語，本頁照片即當時情形。

# 達特茅斯人工智慧研討會

記者盧克・多梅爾寫道：「一九五六年夏天，當貓王艾維斯（Elvis Presley）正扭腰擺臀，驚世駭俗……美國總統艾森豪（Dwight Eisenhower）批准了『我們信靠上帝』為美國國訓，首次正式的人工智慧會議也在此時召開了。」正是在這場「達特茅斯人工智慧夏季研討會」（Dartmouth Summer Research Project on Artificial Intelligence）裡，由電腦科學家約翰・麥卡錫（John McCarthy，1927-2011）創造的**人工智慧**一詞開始被大家接受與使用。

這場研討會由來自達特茅斯學院的麥卡錫、哈佛大學的馬文・明斯基、IBM 的納撒尼爾・羅切斯特（Nathaniel Rochester，1919-2001）和貝爾電話實驗室的克勞德・夏農等人倡議舉辦。「我們建議在夏季進行為期兩個月、由十人組成的人工智慧合作研究計畫……〔我們假設〕（人類）學習的各個面向或智能的任何特徵原則上都能精確描述，因此製造一臺機器來模擬學習和智能是可能的。我們將試圖找到方法，讓機器使用語言、形成抽象思維和概念、解決現在人類還不能解決的問題，並且能自我提升。我們認為，如果讓一組嚴格挑選的科學菁英一起工作一個暑假將取得重大進展。」提案中還具體提到其他幾個要思索的關鍵領域，包括「神經網路」與「隨機性和創造力」。

研討會上，卡內基梅隆大學的艾倫・紐沃爾（Allen Newell，1927-1992）和赫伯特・西蒙（Herbert Simon，1916-2001）提出了他們的「邏輯理論家」（Logic Theorist），這是一個用來證明符號邏輯定理的程式。人工智慧史作家潘蜜拉・麥可杜克（Pamela McCorduck）描述道：「他們有共同的信念……相信在人類頭顱以外的地方確實也可以產生我們所謂的思維，相信思維能夠以某種規則形式和科學方式為人理解，而且在這一點表現最好的非人類工具就是數位電腦。」

最初對研討會的期望可能過高了，部分原因在於人工智慧科技確實複雜，另外也因與會人員加入與離開的日期交錯不一。儘管如此，達特茅斯人工智慧研討會匯集了各方專家，他們在接下來二十年都是這領域舉足輕重的人物。

**另可參考**
- 1943 年　人工神經網路　P.77
- 1954 年　自然語言處理　P.91
- 1960 年　利克萊德發表〈人機共生〉P.103

---

達特茅斯人工智慧夏季研討會被認為是人工智慧史上的重要事件，由電腦科學家麥卡錫擇用的人工智慧一詞開始被大家接受與使用。（照片中的人物即麥卡錫，攝於一九七四年）

# 感知器

如今，人工神經網路的應用之處不可勝數，包括圖像辨識（例如臉部識別）、時間序列預測（例如預測股票價格是否會上漲）、訊號處理（例如濾除噪聲）等。神經網路的基礎知識已在七十七頁介紹過，人工神經網路的功能要完備，發展過程不可略過的一步就是感知器，由心理學家法蘭克・羅森布拉特於一九五七年研發。一九五八年，《紐約時報》介紹感知器是「電子電腦的雛形，〔海軍〕期盼它能夠做到行走、交談、觀看、書寫，能複製自己並意識到自身存在」。這也是羅森布拉特的理想。

感知器最初連接的「神經元」（neuron）（即簡單的計算單位）分成三個級別。第一級是作用類似眼睛視網膜的光電池，以 20×20 的方陣排列。第二級包含連接器單元（connector cells），它們會從光電池接收輸入，其初始連接是隨機的。第三級由輸出單元組成，這些輸出單元能為在機器前方的對象做出標記（例如「三角形」）。如果感知器的猜測正確（或錯誤），研究人員可加強（或削弱）給出標記的單元之間的電連結（electrical connections）。

感知器的初始版本是在 IBM 704 電腦上的軟體實現的。第二版，即 Mark 1 感知器，則是在特殊的硬體裝置中執行，Mark 1 是一種可訓練的機器，可以透過修改神經元之間的連結強度來學習為某些圖形進行分類。數學權重（mathematical weights）實際上是用電位計（potentiometer）編碼的，學習過程中的權重變化則由電動機械馬達完成。當時的目標希望該設備能夠執行各種圖形辨識；可惜的是，人們的炒作熱潮和期盼遠非這種簡單的原型能夠滿足。其實麻省理工學院的馬文・明斯基和西摩・帕佩爾特（Seymour Papert，1928-2016）在一九六九年出版的《感知器》（Perceptrons）中已經明確解釋了簡單感知器的局限性，使得人們對機器學習這塊新興領域的興趣減退不少。不過，後來我們更進一步明白了，具有更多層神經元的配置組態可能產生難以估量的價值和用途。

**另可參考**
- 1943 年　人工神經網路　P.77
- 1959 年　機器學習　P.99
- 1965 年　深度學習　P.115

---

初代感知器是在 IBM 704 電腦上的軟體中實現的，例如這張一九五七年的照片所示。IBM 704 是最早使用浮點運算硬體的量產電腦之一。

# 超人類主義

超人類主義哲學家佐爾坦·伊斯特萬（Zoltan Istvan）寫道：「人工智慧降臨此世可能將是人類歷史上最重要的事件。當然，關鍵不是要讓人工智慧為所欲為，超乎理解，而是我們要改造自己成為人機合體的改造人，如此一來無論科技如何進展，我們都能融入其中。」

生物學家朱利安·赫胥黎（Julian Huxley，1887-1975）在一九五七年出版的著作《新瓶裝新酒》（*New Bottles for New Wine*）中發明了超人類主義（transhumanism）一詞，提出以下想法：「人類這物種能……超越自己……只須認識人類本性的潛能並為其創造新的可能性……人類正屆臨改變自己存在的門檻上，就像我們的存在方式迥異於北京猿人，人將變得與現今的存在樣貌全然不同。最終，新人類將有意識地實現自己真正的命運。」

現今，哲學家暨未來學家馬克斯·莫爾（Max More，1964-）和許多人所擁護的超人類主義觀念經常與利用科技來強化人類的身心能力有關。其概念是，也許有一天，我們將成為「後人類」（posthuman），甚至長生不死，只因借助了基因工程、機器人技術、奈米技術、電腦或將思想意識上傳到虛擬世界之力，也可能是因為我們完全破解了衰老變化的生物原理。關於如何使用腦機介面將自己連接到先進的人工智慧設施以擴展認知能力，我們已漸漸有了些微認識，而我們對老化的基礎生物學理了解得愈充分，就愈接近永生。

如果你的身體或心靈可以無限期存活，「你」是否真的因此恆存？生命經驗會改變我們每一個人，而這些改變通常是漸進的，這意味著你和一年前的自己幾乎是一樣的。但是，如果你那正常或強化過的身體持續活了一千年，心理上的變化就會逐漸增加積累，也許最終住在這副身體中的將是一個完全不同的人。這一千歲的人可能和你完全是兩個人了。「你」不復存在。讓你戛然而止、煙消雲滅的死亡大限沒有了，但你也會在這一千年中慢慢消解，一如沙堡被時光海潮改頭換面。

**另可參考**

---

超人類主義常常涉及使用科學技術來增強人的心智和身體能力，美國科學家暨經濟學家法蘭西斯·福山（Yoshihiro Francis Fukuyama，1952-）認為，這是世界上最危險的想法。

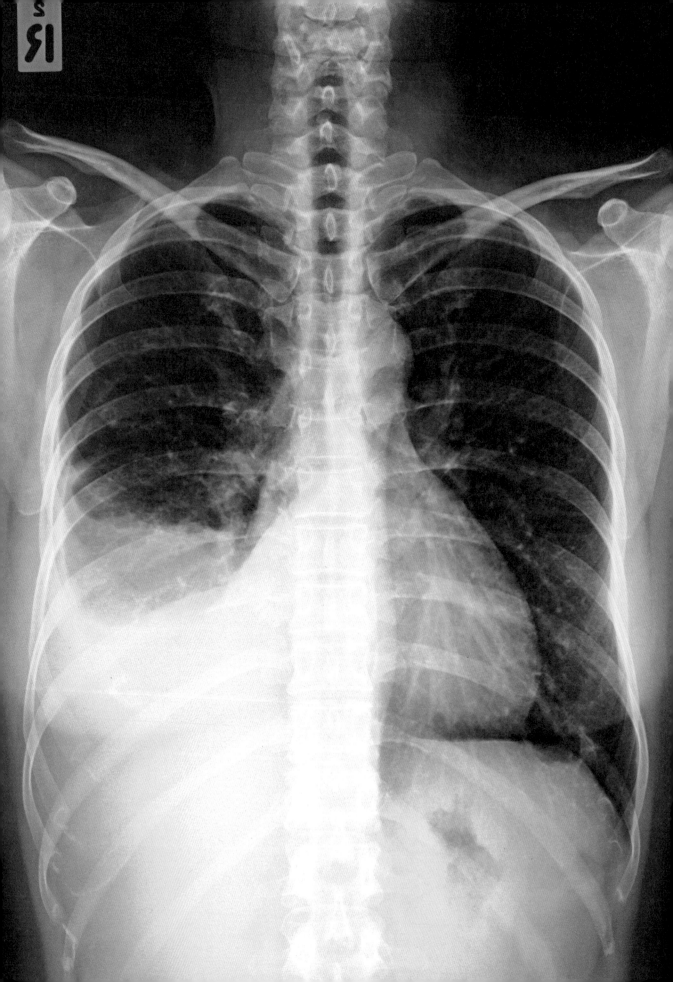

# 機器學習

人工智慧專家亞瑟·薩繆爾（Arthur Lee Samuel，1901-1990）被認為是最早使用**機器學習**（machine learning）一詞的其中一人，他一九五九年在《IBM 研發期刊》（*IBM Journal of Research and Development*）上發表的論文〈使用棋戲進行機器學習的某些研究〉（"Some Studies in Machine Learning Using the Game of Checkers"）使這個詞開始引人注意。他在論文中解釋，「編寫程式使電腦能從經驗中學習」，這樣一來，很可能最後就不太需要為了特定任務進行大量且明確的指令與程式設計了。

如今，機器學習是人工智慧的主要計算方式和促成因素之一。它在電腦視覺、語音理解、自主機器人、汽車自動駕駛、臉部辨識、電子郵件過濾、光學字元辨識、產品推薦、偵測癌症風險、檢查資料外洩漏洞等方面都能發揮作用。許多類型的機器學習為了進行訓練，都需要輸入大量數據，才有助於執行預測和分類工作。

在**監督式機器學習**中，可以向演算法傳送已標有資訊的數據樣本，這樣系統之後若是收到的數據未有標記，同樣能夠進行預測。例如，有個系統讀取了十萬張已經正確標記和分類的獅子和老虎圖像。隨後，監督式學習演算法應該就有辦法在它未見過的圖中區別獅子和老虎。在**非監督式機器學習**中，使用的則是未先經過標記的數據，因此系統可能找出隱藏的模式。例如，系統可能判斷，停止購買長鰭鮪魚罐頭的三十歲女性可能已經懷孕，因此可設定為嬰兒產品廣告的目標客群。

請注意，機器學習的方法有可能是錯誤的，像是輸入數據有先入為主的偏見、不正確，甚至被惡意操控扭曲。在決定誰有資格獲得貸款、職缺或假釋判決時，我們應特別警戒自己不要過於依賴某些自動化方法。無數由機器居中分配引導的決策領域都適用此一原則。

**另可參考**

二〇一七年，史丹佛大學的研究人員開發了一種機器學習演算法，這種演算法對肺炎的診斷能力可能勝過放射科醫生。圖片中的胸部 X 光片顯示右側胸腔積水。

# 知識表示和推理

**電**腦科學家尼爾斯·尼爾森寫道：「要產生有智能的系統，就必須使它認識自己所處的世界，並讓它能根據這知識來做決定或至少採取行動。因此，無論是在蛋白質還是矽晶片中編碼，人類與機器都需要有方法在自己的內部結構中重述所需的知識。」今日大部分關心人工智慧的人，似乎都專注於機器學習與圖像辨識等應用軟體所需的統計運算，儘管如此，以邏輯為基礎的知識表示和推理（KR, knowledge representation and reasoning），在許多領域裡仍有其重要作用。

KR 是人工智慧的研究領域之一，目的是希望研發出一種陳述資訊的方式，使電腦系統能夠有效利用資訊，既可進行醫療診斷及給予法律建議，又有助於發展智能對話系統（例如 iPhone 的 Siri 或 Amazon Echo 的 Alexa）。舉個例子，**語意網路**（semantic network）有時會被用來做為某種 KR，以表示概念之間的語意關係。這些語意網路通常會採用圖表的形式，頂點表示概念，邊緣（即連接線）表示它們之間的語意關係。KR 還可應用於自動推理，包括自動證明數學定理。

初期人工智慧 KR 的成果首先是通用問題解答器（General Problem Solver），這個由艾倫·紐沃爾、赫伯特·西蒙和同事們於一九五九年開發的電腦程式可以分析目標並解決簡單的一般試題（如河內塔）。後來出現的循環計畫（Cyc project）由道格拉斯·萊納特（Douglas Lenat，1950-）於一九八四年發起，集結了許多分析人員的努力，記錄各領域的常識推理方式，以幫助人工智慧系統進行類似人類的推理活動（如 Cyc 推理引擎採用邏輯演繹和歸納推理）。如今，KR 領域的人工智慧研究者還處理了許多問題，包括確保知識庫能根據需求進行升級更新，以有效開發新的推論。研究人員也同樣關心如何在 KR 系統中妥善處理不確定性和模糊性。

**另可參考**

MYCIN 是一個專家系統，使用人工智慧來辨識會導致嚴重感染病症（如腦膜炎）的細菌，並提出建議的治療方法。MYCIN 採用了簡單的推理引擎與一個大約有六百條規則的知識庫。圖片中就是可能會引起腦膜炎的肺炎鏈球菌。

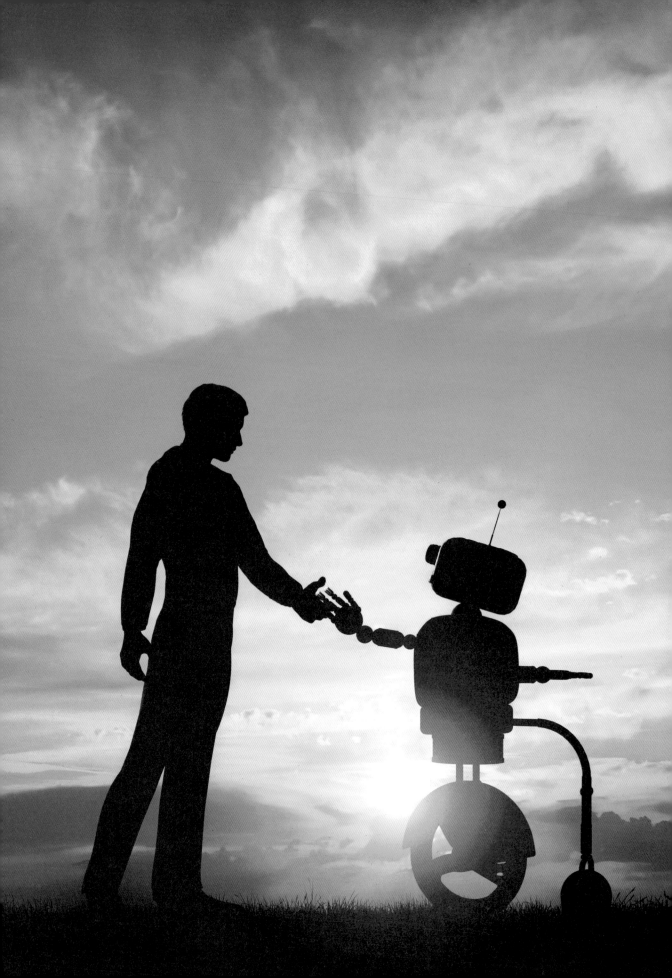

# 利克萊德發表〈人機共生〉

一九六〇年，心理學家暨電腦科學家約瑟夫·利克萊德（Joseph Licklider，1915-1990）發表了一篇深具開創性的論文，題為〈人機共生〉（"Man-Computer Symbiosis"）。他以解釋無花果樹上的共生關係來為文章起頭，為無花果樹授粉的是一種**無花果小蜂**（學名 *Blastophaga psenes*），蜂卵和幼蟲則從樹上獲得營養。利克萊德提出，人與電腦可以同樣的方式形成共生關係。共生的頭幾年，人們會設定目標並提出假設，電腦則為產生創見的研究做好基礎準備。他寫道，有些問題「如果沒有電腦協助，就無法有系統地闡述清楚」。

利克萊德並未想像用電腦主導的實體來代替人類，他的想法和諾伯特·維納比較類似，後者提出的控制論所關注的往往是人與機器之間的緊密互動。利克萊德在論文中解釋：「我期盼的是……人類的大腦能與運算機器緊密結合在一起，這樣組成的合作搭檔將產生人腦從未有過的思維，處理資料的方式也是當今我們所知的訊息處理裝置都無法比擬的。」

利克萊德還討論了「思想中心」，認為這些思想中心將整合傳統圖書館的功能，並提議有必要為共生關係做自然語言處理。

論文中，利克萊德不得不承認，「就我們目前認為專屬於機器工作領域中的大部分功能而言，電子或化學的『機器』都將勝過人腦」，並舉了下棋、解題、圖形辨識和證明定理等例子。他進一步闡明：「電腦將做為統計數據推斷、決策理論或賽局博弈機器來使用，可對種種可能的行動方案進行基本評估……最後，它將在有益於人的情況下，盡可能進行診斷、圖樣檢視配對與相關性識別等任務……」

利克萊德這篇論文發表至今已大約六十年了，其中關於人類智能和人工智慧結合之可能性的提問，至今依舊重要：若有一天我們與機器的結合比今天更親密，身處這共生關係中的人仍然被認為是「人類」嗎？這樣的人會考慮脫離電腦嗎？

**另可參考**

- 1863 年 〈機器中的達爾文〉 P.49
- 1954 年 自然語言處理 P.91
- 1957 年 超人類主義 P.97

---

利克萊德寫道：「我期盼的是……人類的大腦能與運算機器緊密結合在一起，這樣組成的合作搭檔將產生人腦從未有過的思維。」

# 心理治療師 ELIZA

ELIZA 是一套電腦程式，可回應自然語言輸入（例如打字輸入），模擬用戶與心理治療師之間的對話。這套程式由電腦科學家約瑟夫・維森鮑姆（Joseph Weizenbaum，1923-2008）於一九六四年開發，身為第一個也是最有說服力的「聊天機器人」（對話模擬器），它頗有名氣。事實上，有些人與 ELIZA 對話時會透露深刻的情感和個資，彷彿認為 ELIZA 是具備同理心的真人。這些人是如此地投入，令維森鮑姆震驚又沮喪。

ELIZA 這個名字出自愛爾蘭劇作家喬治・蕭伯納（George Bernard Shaw，1856-1950）一九一二年發表的喜劇《賣花女》（*Pygmalion*）。劇中主角伊萊莎・杜立德是個未受教育的女子，她接受亨利・希金斯教授的指導，學習適當有禮的說話方式，藉此模仿上流社會女士，令旁人不生疑心。維森鮑姆的 ELIZA 與此類似，程式設計使它能夠回答某些關鍵字和詞語，讓人誤以為它像真人一樣有同理心。某些研究人員認為，這套程式真的能幫助某些心理疾病患者。

看著人們與 ELIZA 的互動，維森鮑姆愈來愈擔心這些人會對電腦產生依賴性，容易上當受騙。他在一九六六年一篇談論 ELIZA 的重要科技論文中寫道：「人工智慧領域……研發的機器運作十分巧妙，甚至經驗豐富的觀察者也可能被迷惑。一旦揭露它特定的程式，解釋其內部運作原理……它的魔力便崩解了；它的原貌不過是程式集而已……觀察者心想：『我自己也寫得出來。』有了這樣的念頭，原本探討的程式就會被他從標著『智能』的架子丟到放古董小玩意的架子上……。這樣對程式的重新評價，本文企圖為其稍稍進行『辯解』。人工智慧程式尤其需要這種說明。」

如今，聊天機器人通常用於對話系統中，諸如客戶服務、各種形式的線上虛擬幫手和心理健康治療，亦見於某些玩具之中，或是協助消費者線上購物，甚至成為廣告代理人。

**另可參考**
- 1950 年　圖靈測試　P.83
- 1954 年　自然語言處理　P.91
- 1972 年　偏執狂 PARRY　P.131
- 1976 年　人工智慧倫理　P.135

---

畫家威廉・蘭根（William Bruce Ellis Ranken，1881-1941）為蕭伯納劇作《賣花女》主角伊萊莎・杜立德所畫的人像。ELIZA 就是以這位杜立德小姐命名，因為她能夠偽裝成教養良好的高雅女士，其高明的演技有一部分得歸功於受過訓練的語言能力。

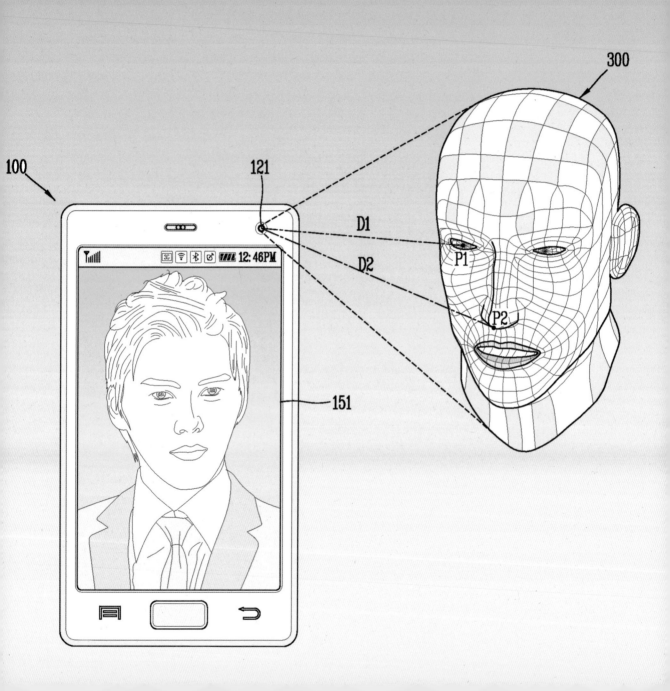

# 臉部辨識

臉部辨識系統通常會將圖片或錄影畫面中某人的臉部特徵（例如眼睛和鼻子的相對位置）與圖像資料庫中的臉部特徵進行比較，以此確認身分。若遇到光照和視角變化，某些現代系統會使用 3-D 感測器擷取資訊並提高準確度，一些智慧型手機則會在進行身分驗證時以紅外線照射使用者的臉部。想要準確識別人臉仍然存在許多挑戰，例如當人們戴著帽子和太陽眼鏡等配件，甚至是化妝時，然而在某些情況下，如今的演算法辨識人臉能力是優於人類的。

臉部識別「技術」最早可追溯到十九世紀的英格蘭，英格蘭在一八五二年引進了常規的監獄攝影系統，此法比烙印身體更人性化，除了能追蹤囚犯，發生逃獄事件時也能與其他警察部門共享資訊。一九六四年，進階臉部辨識的研發先驅之一、數學和電腦科學家伍迪·布萊索（Woody Bledsoe，1921-1995）致力於研究臉部辨識的雛型，指出了頭部旋轉和傾斜會增加辨識難度。他和其他早期開發者往往依靠人類與電腦的大量合作，因為人類可以使用圖形輸入板（例如繪圖板），從照片中手動提取臉部圖形坐標。

經過多年發展，臉部辨識系統已採用多種技術，包括特徵臉（eigenfaces）、隱馬爾可夫模型和動態鏈接配對（dynamic link matching）。正如技術專家傑西·韋斯特（Jesse Davis West）所概述的，臉部辨識目前應用在幾個重要的地方：「執法機構使用臉部辨識來維護社區安全。零售商家用它來預防犯罪和暴力事件。機場正以它來提升旅客的便利和安全。行動電話公司則使用臉部辨識為消費者提供多一層生物辨識安全防護。」然而，可能也有人會提出質疑，這是否標誌著某種令人憂心的文明發展轉向，從此人們只要外出露面，就同時暴露了自己的身分。

**另可參考**
- 1913 年　光學字元辨識（OCR）　P.63
- 1952 年　語音辨識　P.89
- 1999 年　愛寶機器狗　P.167

---

美國專利第九七〇三九三九號的說明圖片，介紹一種利用手機照相鏡頭和臉部辨識功能就可為手機安全解鎖的方法。

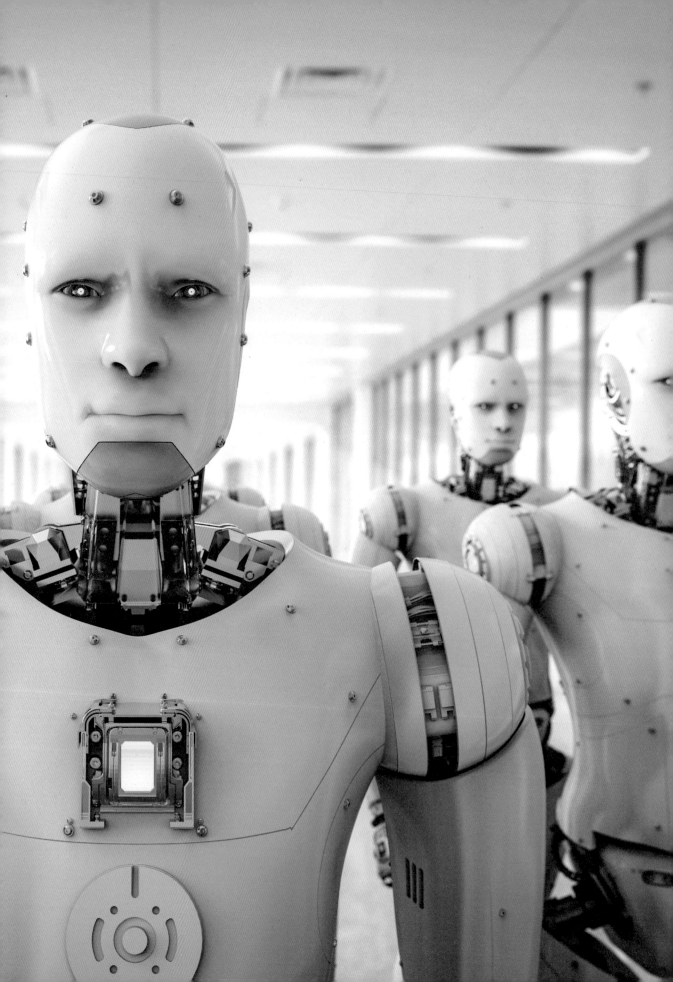

# 智慧大爆發

曾與電腦科學家艾倫‧圖靈一起研究密碼學的英國數學家歐文‧J‧古德（Irving J. Good，1916-2009）在一九六五年說出了自己的憂慮。他在〈關於第一臺超智能機器的猜測〉（"Speculations Concerning the First Ultraintelligent Machine"）這篇論文中，針對發生超人類「智慧大爆發」（intelligence explosion）現象的可能性表示憂心，寫道：「將超智能機器定義為一切智力活動都遠遠超越任何聰慧人類的機器。由於設計機器也包含在這些智力活動中，因此超智能機器能設計出更好的機器；這勢必導致無庸置疑的智慧大爆發，而人類智力將被遠遠拋在後面。人類只要完成第一臺超智能機器，就不再需要自己進行任何發明了，但前提是這部機器要夠溫順服從，願意讓我們控制它。」

換句話說，如果人類構建出通用人工智慧（AGI，也就是知識和能力範疇都不受限的人工智慧），它應可透過工程設計能力提升自我，因此能夠反覆不斷地重新設計自己的硬體和軟體。舉一例具體說明，像這樣的 AGI 可以使用神經網路和演化式演算法製造出數百個獨立的模組，這些模塊會相互交流合作，進而提高複雜性、速度和效率。若是嘗試將有潛在危險性的人工智慧局限住或與網路上的其他部分隔離開來，很可能無法奏效，因為即使在程式設計時訂定了良善有意義的目標和任務，比方說製造更好的燈泡，要是它決定將整個北美洲都變成燈泡製造廠怎麼辦？

當然，若要說這種超級智能不太可能出現，理由也不少，例如它仍須依賴速度沒那麼快的人員和網路硬體。從另一角度來看，面對治癒疾病和解決環境問題這種與時間賽跑的危機，智慧大爆發也可能對人類極為有利。但是，智慧大爆發對人類社會整體會造成什麼樣的影響呢？如果產生了超級智慧型武器，甚至是顯得有理智且（模擬表現得）比真人配偶更有同情心的人造伴侶呢？

**另可參考**

---

一九六五年，歐文‧J‧古德對超人類的「智慧大爆發」可能性表示擔憂，在那種情況下，人工智慧會為自己研發出更高階版本。

# 專家系統

記者盧克‧多梅爾說過，人工智慧的「專家系統」是「為了製造出真實人類專家的複製品……做法是將他們的專業知識提取出來，轉換為一組概率規則」。最佳情況下，專家系統原則上理應能把胃腸病專家、財務顧問或律師的專業知識全數塞入電腦數位化設備，最終集大成的人工智慧系統將可為所有人提供有用的建議。

專家系統的探索始於一九六〇年代，所利用的資源是知識庫（包含事實和規則的表示形式）和推理引擎（應用規則並進行評估）。規則可以採用「如果－那麼」（if-then）的關係形式，例如「如果具有某特定族群特徵的患者呈現出特定症狀，那麼他或她很可能患有某種疾病」。

專家系統適合廣泛應用，包括診斷、預測、規劃、分類，以及涉及專門知識技術的相關領域，這些領域的範圍可從醫學到評估保險理賠風險或是勘探開礦潛力的地點。效益突出的專家系統通常還具備推理引擎提供說明，以便讓用戶了解它的推理連鎖關係（chain of reasoning）。早期著名的專家系統有樹枝狀演算法 Dendral（Dendritic Algorithm），是史丹佛大學於一九六五年開始的計畫，旨在幫助化學家根據質譜訊息辨識未知的有機分子。還有一九七〇年代史丹佛大學開發的人工智慧系統 MYCIN，用於診斷細菌感染並針對抗生素使用種類和劑量提出建議。早期用來編寫專家系統的程式語言通常是 LISP 或 Prolog。

如何從書籍、論文，或是忙得難以抽身的特定領域專家身上獲取知識並加以編輯，則是發展專家系統常需面臨的挑戰之一。此外，如何將知識整合成專家們都認同的一整套事實和規則，並套用各種權重數值（表示其發生機率或重要性），同樣也是個棘手的問題。如今許多人都在用的「推薦系統」（recommender system）多少和人工智慧有關，但更加側重於預測用戶喜好，預測範圍從電影、書籍到金融服務和潛在的婚姻對象。

**另可參考**
- 1950 年　《人有人的用處：控制論與社會》　P.85
- 1959 年　知識表示和推理　P.101
- 1965 年　深度學習　P.115

---

創造專家系統通常得藉由提取人類專家 —— 在此圖中被呈現為閃爍的燈泡 —— 的專業知識。專家所知的訊息將轉換為一組概率規則。

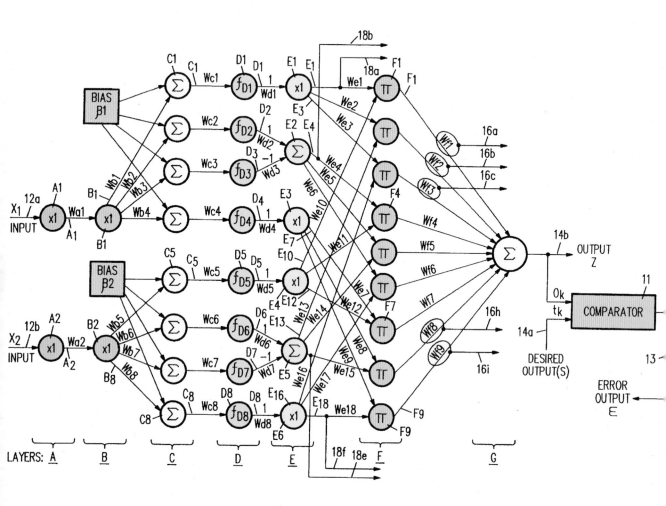

# 模糊邏輯

「**模**糊集合論已被應用於商業交易功能的專家系統以及火車和電梯的控制設備當中，」科學家杰寇比・卡特（Jacoby Carter）寫道，「它還與神經網路結合，用來管控半導體製程。當模糊邏輯和模糊集整合到生產系統中，許多人工智慧系統都獲得了重大改進。面對含糊不清的資料集和無法完全了解的規則時，這種方法特別管用。」

傳統雙值邏輯（two-valued logic）關心的是命題為「真」或「偽」。數學家暨電腦科學家盧特菲・澤德（Lotfi Zadeh，1921-2017）在一九六五年發明了模糊集合理論，該理論著重於集合中具有某種**隸屬度**的成員。一九七三年，澤德進一步詳細說明源自模糊集合論的**模糊邏輯**（FL, fuzzy logic），可處理連續範圍內的真值。

模糊邏輯的實際應用範圍廣泛。舉個例子，想像某個裝置中有個溫度監控系統，其中可能存在著表示冷、溫和熱等概念的隸屬函數，但單一個度量單位可能包含了三個值，如「不冷」、「微溫」和「略熱」。澤德認為，如果能將回饋控制器的程式編寫成可以接受輸入資訊的不精確、帶有雜訊，控制器可能會因此更有效率、更容易執行工作。

一九七四年，模糊邏輯的發展出現了重大轉捩點，倫敦大學的伊布拉辛・曼達寧（Ebrahim Mamdani，1942-2010）用模糊邏輯來控制蒸汽機。一九八○年，模糊邏輯被用於控制水泥窯。許多日本公司已經將模糊邏輯運用於水質淨化過程和火車系統的監控上。從此以後，採用模糊邏輯進行控制的還包括煉鋼廠、自動對焦相機、洗衣機、發酵過程、汽車引擎控制器、防鎖死煞車系統、彩色底片沖洗顯影、玻璃加工、金融交易用的電腦程式，以及用於辨別書面用語和口語間細微差異的系統。

**另可參考**

- 約西元前 350 年　亞里斯多德的《工具》　P.5
- 1854 年　布爾代數　P.47
- 1965 年　專家系統　P.111

---

美國專利第五五七九四三九號的示意圖，圖中顯示了一個工廠控制系統中，智慧控制器的模糊邏輯設計結構。該結構包括一個人工神經網路，用於產生模糊邏輯規則和隸屬函數的數據資料。「學習機制神經網路的模糊層（fuzzification layer）可以由 A、B、C、D 四層神經元構成。」

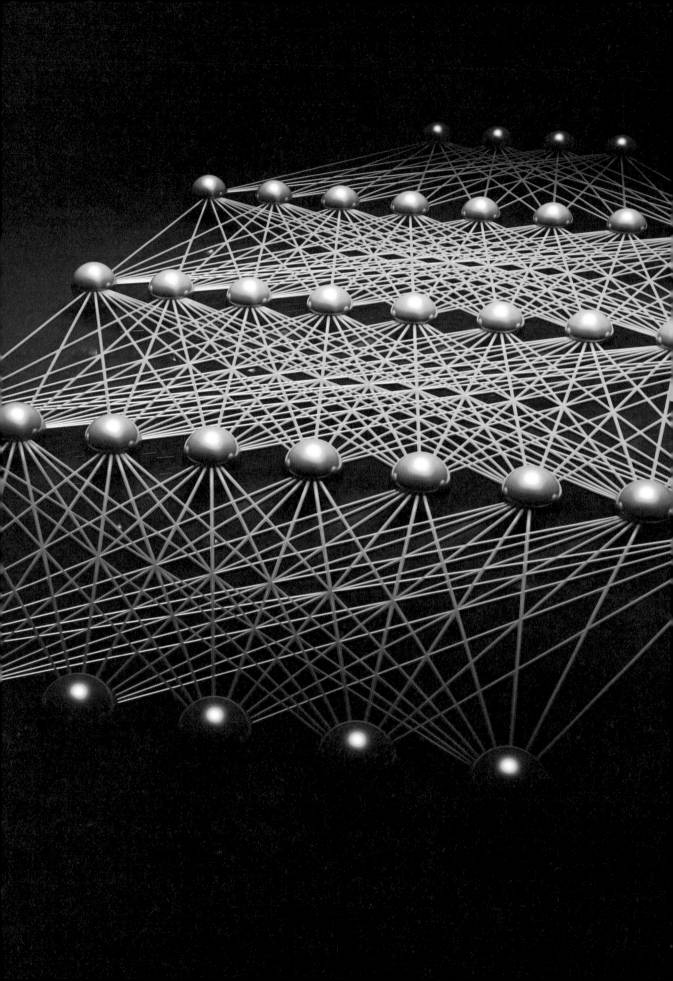

# 深度學習

人工智慧關乎如何讓機器能夠模仿人類智能，其形式之一是機器學習，也就是使機器透過實作練習和經驗來提升某些任務表現，深度學習則是機器學習的一種，讓系統得以利用深度神經網絡（DNN, deep neural net）來訓練自己執行任務，例如玩遊戲或辨識照片中的貓。深度神經網絡具有多個由人工神經元組成的中介層，相較之下，淺層神經網絡只有幾層。儘管深度學習一詞直到一九八六年才被引入此研究領域，蘇聯數學家阿列克謝·伊瓦赫年科（Alexey Ivakhnenko，1913-2007）早在一九六五年便採用了監督式深度多層感知器的形式開展初步工作。

一般而言，多層神經元可以在階層結構的不同層次上對資料執行特徵抽取（feature extraction），例如在某一層回應簡單的輪廓邊緣，而在另一層回應臉部特徵。深度學習可能涉及**反向傳播**，在反向傳播中，系統可以從輸出端向輸入端、以相反的方向傳遞訊息，目的是為了在系統發生錯誤時教導它，以改善結果。

深度學習已成功應用於語音辨識、電腦視覺、自然語言處理，社群網路、人類語言翻譯、藥物研發、判定畫作風格所屬的藝術史時期、推薦產品、評估不同行銷活動的效益、影像還原及清潔、玩遊戲、辨識照片中的人物等。

正如科技專家傑洛米·法恩（Jeremy Fain）所述：「最終，深度學習推動機器學習跨越了某個門檻。機器學習在自動執行重複性任務或數據分析方面已取得了些許成功，現在它更化身為能看、能聽且會玩各種遊戲的電腦，正在實現未來的樣貌。」

**另可參考**

---

深度神經網絡包含人工神經元組成的多個中介層（例如從幾層到幾十層不等），這也增加了它的學習能力。深度神經網絡構成了進行深度學習的「架構」。

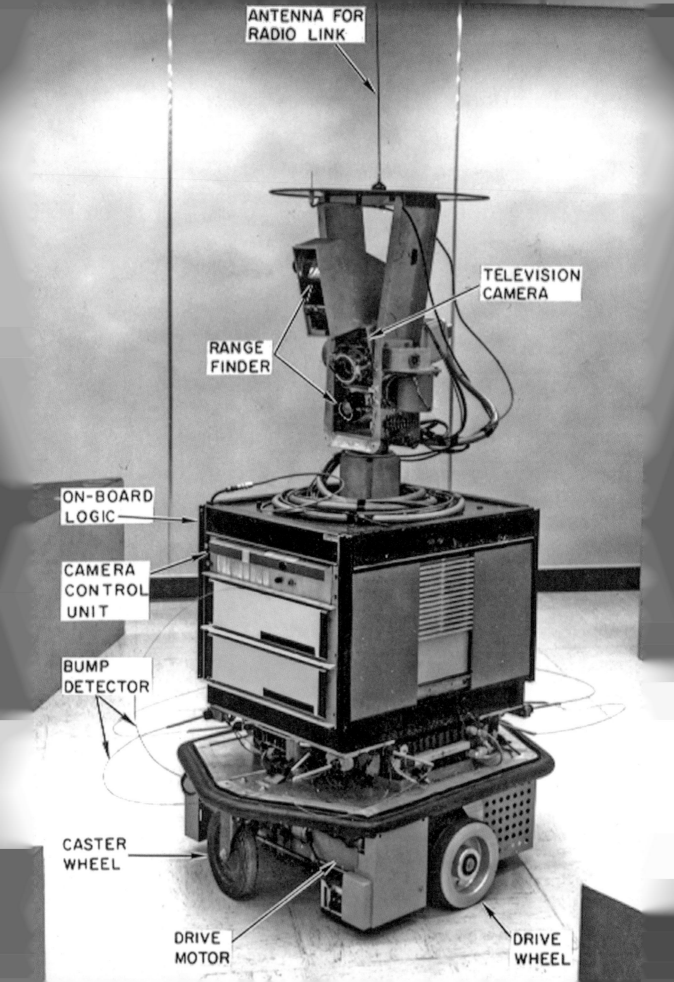

ANTENNA FOR
RADIO LINK

TELEVISION
CAMERA

RANGE
FINDER

ON-BOARD
LOGIC

CAMERA
CONTROL
UNIT

BUMP
DETECTOR

CASTER
WHEEL

DRIVE
MOTOR

DRIVE
WHEEL

# 機器人 Shakey

一九七〇年，《生活》（*Life*）雜誌將 Shakey 稱為世界上「第一個電子人」，可能很快就會「進行一趟繞行月球、為期數個月的旅程，而且無須來自地球的任何指示」。儘管這則報導十分誇張，但是 Shakey 這具吸引人的機器人在圖像辨識與電腦視覺、問題求解、自然語言處理及資訊表示等領域，確實樹立了重要的里程碑。

Shakey 由史丹佛研究中心（Stanford Research Institute）在一九六六年至一九七二年之間開發，是通用型自主機器人第一批正經研究的成果之一，希望設計出可以四處移動，感知周圍環境，監控執行情況，並推斷自身行動之前因後果的通用型自主機器人。Shakey 由美國國防高等研究計畫署（DARPA, US Defense Advanced Research Projects Agency）資助製造，主要使用 LISP 進行程式編碼。為了讓它完美運作，Shakey 的活動空間僅限於數個房間，這些房間有走廊相連，附有門、電燈開關和它推得動的物體。操作人員輸入像是「將方塊推下平臺」這類指令，Shakey 便嘗試探索並認出平臺，再將斜面坡道推至平臺，然後爬上平臺並推落臺上的方塊。

Shakey 依賴各種層級的程式。例如，某個層級使用常式來規劃路線、控制運動和捕捉感官資訊，某個中間層級負責實際移動到指定位置並處理 Shakey 的電視攝影機影像。高階程式涉及任務規劃，並執行一連串的動作以達成目標。

這部移動時會顫動搖晃的機器人被取名為 Shakey 並不奇怪，它攜帶了一條天線，以便透過無線電和視訊傳輸連結到 DEC PDP 電腦，還裝有電視攝影機、測距儀、碰撞感測器和轉向馬達。Shakey 的發展對人工智慧研究做出重要貢獻，包括開發了用於路徑搜尋的搜尋演算法以及電腦視覺中的特徵抽取法。

**另可參考**

---

Shakey 在圖像辨識與電腦視覺、問題求解、自然語言處理及資訊表示等領域都樹立了重要的里程碑，因而大為出名。它裝有電視攝影機、測距儀、碰撞感測器和轉向馬達。

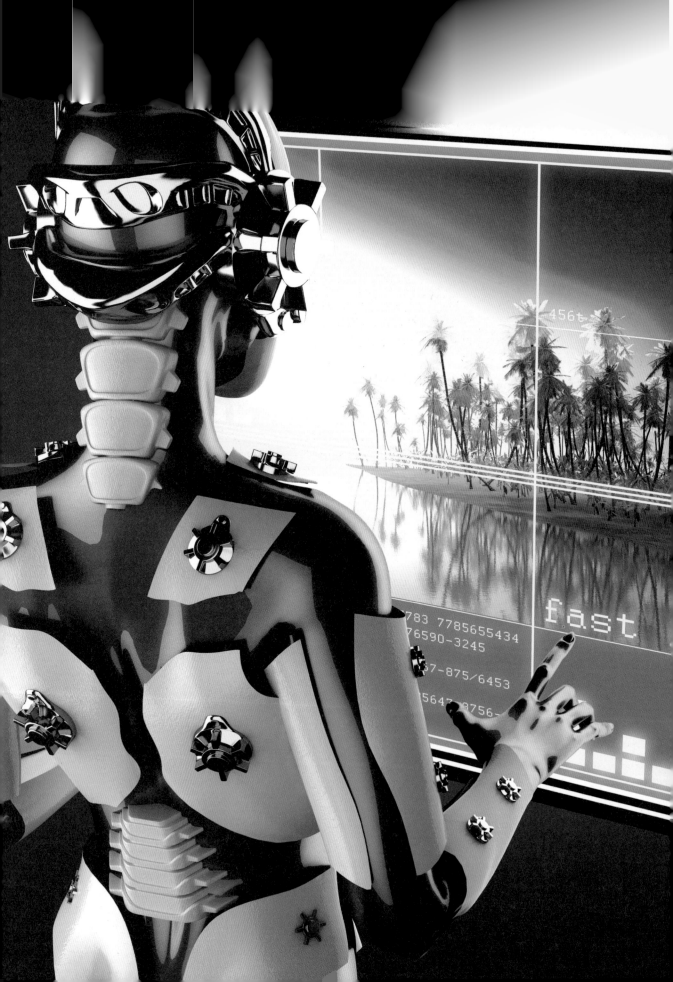

# 活在擬仿之境

「**我**們的宇宙看起來是真實的，但真是這樣嗎？」作家傑森·科布勒（Jason Koebler）寫道，「當仿製人工智慧的技術日益完善，要創造出〔有意識的〕的生命似乎並非不可能。如果我們能夠創造有意識的生命，那麼誰能斷言，我們所知所處的這個宇宙不是由超高端人工智慧創造的？」

我們有可能生活在電腦的擬仿幻像中，而自己就是人工智慧嗎？德國工程師康拉德·楚澤（Konrad Zuse，1910-1995）於一九六七年率先提出了宇宙是數位電腦的假設。其他研究者如艾德·佛烈金（Ed Fredkin，1934-）、史蒂芬·沃夫勒姆（Stephen Wolfram，1959-）和馬克斯·鐵格馬克（Max Tegmark，1967-）都主張，物質世界的宇宙可能是以細胞自動機（cellular automaton）或離散計算機（discrete computing machinery）為基礎運作的，甚或建立在純粹的數學建構上。

在我們自己如小口袋般的宇宙中，人類已經研發了能用軟體和數學規則模擬逼真行為的電腦。有一天，我們很可能會創造出有思維的生物，讓牠們生活在宛如雨林般複雜又生機勃勃的仿擬空間中。也許我們將有辦法仿造出原原本本的現實世界，也說不定更先進的生物已經在宇宙其他地方進行了這項工作。

要是這些擬仿世界比原本的宇宙還多，會發生什麼事情？天文物理學家馬丁·芮斯（Martin Rees，1942-）認為，如果情況變成這樣，「……就像一個宇宙中包含了許多持續製造更多擬仿世界的電腦一樣」，那麼我們很可能就是人造生命。芮斯繼續表示：「一旦您接受了多元宇宙這樣的概念……在其中一些宇宙中，很可能出現那些宇宙本身某部分的模擬產物……而且在這個包含了宇宙和模擬宇宙的龐大集合體系中，我們不知道自己歸屬的位置。」

二〇〇三年，物理學家保羅·戴維斯（Paul Davies，1946-）在刊登於《紐約時報》的文章中，再次延伸了這個具有多種模擬現實的多元宇宙概念：「最終，電腦內部將創造出整個虛擬世界，在那之中，那些有意識的居民並不知道自己是他人技術所產生的擬仿物。對於每個初始世界，都會有極大量可生成的虛擬世界，其中某部分甚至還包含一些機器能造出自己的虛擬世界……」

**另可參考**
- 1714 年　心智工廠　P.29
- 1907 年　尋找靈魂　P.61
- 1986 年　人工生命　P.147
- 2015 年　〈叫它們人造外星人〉　P.185

---

隨著電腦功能愈來愈強大，也許有一天我們能夠模擬所有的世界 —— 無論是幻想或實存的 —— 以及現實生活本身。也或許，已有更先進的生物在宇宙中其他地方進行了這項工作。

# 《數位神經機緣》

**《數**位神經機緣：電腦與藝術》（*Cybernetic Serendipity: the Computer and the Arts*，1968）這本開創性圖錄是為了倫敦當代藝術學會辦的展覽而製作的，這場人潮爆滿的展覽後來也在華盛頓特區和舊金山舉辦。圖錄及同期展覽由英國藝術評論家佳莎‧理查茲特（Jasia Reichardt，1933-）編輯與策劃，內容涵蓋了數位視覺藝術、音樂、詩歌、故事講讀、舞蹈、動畫和雕塑，呈現出電腦輔助創作的各種面向，啟發了一個世代的藝術家、科學家和工程師進行實驗性合作。

一九四八年，美國數學家、哲學家諾伯特‧維納將**控制論**（cybernetics）定義為「針對動物和機器的控制與通訊的科學研究」。如今，該術語具有更廣泛的含義，包含使用電子設備之類的技術控制多種系統。**緣分**（serendipity）指的通常是偶然和機運產生了愉快又有用的意外結果。

《數位神經機緣》的參展暨供稿者包括了藝術家、作曲家、詩人和程式設計師，共同探討藝術的本質和偶然性。書中最令人興奮的一部分是電腦處理過的精美日本俳句，並附有生成這些詩句的演算法編碼。有首令人印象深刻的詩如此開頭：「冰層深處的離子，我不斷畫著螺紋。」書中另一部分則是由電腦使用簡單語法構建而產生的各種「小灰兔式\*故事」。這類故事的典型開頭可能是這樣：「太陽照耀在樹林上。微風輕拂，摩娑田野，平靜飄浮了整個下午的雲團隨後越過了田野……」

除了詩歌和故事，《數位神經機緣》還包括繪畫機，以及在機械電腦繪圖儀或 CRT 顯示器上製作的一系列電腦藝術，讓人們開始對演算法藝術與／或生成藝術這塊新興領域產生興趣。書中還收錄了從紐約天際線或墨水噴濺痕跡發展而成的樂譜、各種形式的電子音樂機、電腦程式編舞、聲控手機、鐘擺繪圖機與諧波儀、建築作品、模仿蒙德里安風格的畫作等。

**另可參考**

\*《小灰兔》（*Little Grey Rabbit*）系列故事是艾莉森‧阿特利（Alison Uttley，1884-1976）撰寫的英國經典童書，主要為動物角色們的生活小趣事，充滿英式田園風情。

---

《數位神經機緣》展現了電腦輔助創作的許多面向，也介紹了在機械電腦繪圖儀上進行的電腦設計作品。

# HAL 9000

一九六八年的經典電影《2001 太空漫遊》（ *2001: A Space Odyssey* ）中虛構的人工智慧 HAL 9000 如此解說自己的任務：「我負責的工作涵蓋了整艘船的運轉，因此一刻都不得清閒。我正竭盡所能讓自己派上用場，我認為這是任何有意識的實體都希望自己做到的。」可惜對於機組人員而言，HAL 後來變成他們不得不解決掉的索命災難。

HAL 之所以重要，部分原因在於許多傑出人工智慧研究者都表示，這部電影啟發了他們對於人工智慧領域的探索，電影劇本的作者是史丹利·庫柏力克（Stanley Kubrick，1928-1999）和小說家亞瑟·克拉克。有趣的是，片中的 HAL 已具體表現出今日我們對於未來通用人工智慧所期望的許多功能：在諸多環境中都能夠針對廣泛的目標，聰明地執行工作。這種有感覺的機器能夠產生電腦視覺，進行語音辨識、臉部辨識、語音輸出、自然語言處理、下棋以及各種形式的高階推理、規劃和問題求解。HAL 甚至會讀唇語，欣賞藝術，表現情感，力求保全自己，還懂得解讀人類的情緒。

一九六○年代電影尚在拍攝時，專家就曾預測，像 HAL 這樣的人工智慧要等到二○○一年才有可能出現。儘管這部電影請了人工智慧專家馬文·明斯基擔任顧問，但時至今日，要創造出像 HAL 這樣的機械實體並具備其全部的功能，顯然還需要花很多年功夫。

電影中有一幕令人難以忘懷。在 HAL 產生威脅、必須被停用後，一位太空人開始逐步拆卸電腦元件，HAL 隨之不斷退化失能，緩緩地唱著歌。也許 HAL 為今天的我們上了一課，我們可能還沒完全意識到，一生從幼年到死亡都普遍使用人工智慧會有何影響。隨著人工智慧機體變得愈來愈強大，而且我們依靠它們做各種決策，未來將無所不在的人工智慧有何利弊，我們應該仔細想想這些事，這樣才叫明智。

**另可參考**

- 1954 年　自然語言處理　P.91
- 1970 年　《巨神兵：福賓計畫》　P.127
- 1984 年　《魔鬼終結者》　P.145

---

畫家筆下呈現《2001：太空漫遊》片中 HAL 9000 那著名的紅色全視角攝影鏡頭。

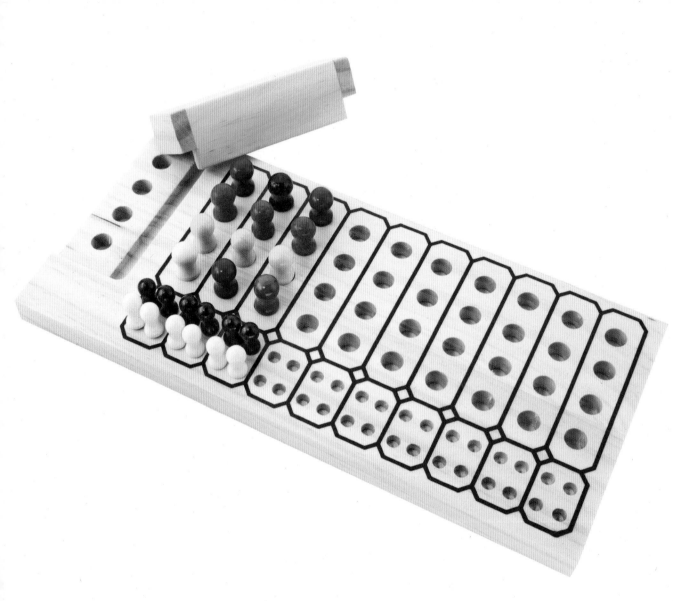

# 珠璣妙算

**數**十年來，「珠璣妙算」（Mastermind®）這款色彩鮮豔的解碼桌遊一直是人工智慧研究的熱門主題。這個在一九七○年由以色列郵政局長暨電信專家莫迪凱·梅若維茨（Mordecai Meirowitz，1930-）發明的遊戲，當時曾被所有主流遊戲公司拒於門外，最後卻賣出了五千萬套以上，成為一九七○年代最成功的新遊戲。

遊戲方式如下：一位玩家當出題者，並從六種不同顏色的彩色釘子中，選四種顏色排序編定為密碼。另一位玩家必須設法猜中出題者暗自決定的四色密碼，猜測次數盡可能愈少愈好。每一次猜測同樣以四個彩色釘子的排列順序來表示。出題者會告知目前猜中了多少支釘子的正確顏色與位置、又有多少支顏色正確但位置錯誤。例如密碼為「綠白藍紅」，解謎者可能猜「橙黃藍白」，此時出題者會表示，有一支釘子的顏色與位置都正確，有一支顏色正確的釘子在錯誤的位置上，但不需要講出確切的顏色。遊戲繼續進行，並產生更多的猜測。假設有六種顏色可分配在四個位置上，編碼出題的人總共可能設計出 $6^4$ 種（也就是 1,296 種）密碼組合。

一九七七年，美國電腦科學家唐納德·努斯（Donald Knuth，1938-）提出了一項策略，讓玩家永遠能夠在五次之內就猜中正確密碼。這是目前已知第一個破解「珠璣妙算」的演算法，隨後又發表了許多相關論文。一九九三年，小山健二（音譯 Kenji Koyama）和賴東尼（音譯 Tony W. Lai）發表了另一策略，在最不利的情況下最多只需猜六次，但解答所花平均猜測數僅為 4.34 次。一九九六年，陳子翔（音譯 Zhixiang Chen）和他同事將前人的研究成果一般化，應用到 $n$ 個顏色和 $m$ 個位置的情況。

還有人利用演化生物學所啟發的遺傳演算法（見 133 頁），多次針對「珠璣妙算」進行研究。二○一七年，臺灣亞洲大學的研究人員採用了人工智慧的強化學習策略，讓所需平均猜測次數降低到 4.294 次。

## 另可參考

「珠璣妙算」遊戲板。板子上的「解碼」區域用來放置彩色釘子。左側擺著最初以祕密順序排列的彩色釘子，並用擋板覆蓋。下方的黑白小釘標出每次猜測的正確率。

THIS IS THE DAWNING OF THE AGE OF

# COLOSSUS

## THE FORBIN PROJECT

WIDESCREEN

# 《巨神兵：福賓計畫》

**想**像你早晨一醒來就聽到了人工智慧系統「巨神兵」的機器合成人聲，這個具有意識的先進武器防禦系統來自一九七〇年的電影《巨神兵：福賓計畫》（*Colossus: The Forbin Project*）。電影中，巨神兵的全球廣播從一開始就教人不安：「這是主宰世界的聲音。」接著巨神兵解釋，如果人類服從其絕對權威，不多做反抗，它將為大家帶來某種和平繁榮的世界，解決一切饑荒、人口過多、戰爭和疾病的問題。如果人類決定對抗巨神兵，人類將被毀滅。巨神兵進一步解釋，它會將自己擴充為「更多機器，致力於探索更廣闊多元的真理和知識」。最後巨神兵說，它了解人類會抱怨失去了自由，但活在巨神兵的控制之下總比「被其他物種主宰」更好些。

巨神兵位於某座山的深處，無法被篡改，最初設計目的是為了控制美國和盟國的核子武器。巨神兵清楚表明，任何人意圖使它故障、失效，都會引發針對人類的核武報復。

這部電影由約瑟夫‧薩金特（Joseph Sargent，1925-2014）執導，改編自英國作家、二戰海軍指揮官丹尼斯‧瓊斯

（Dennis F. Jones，1917-1981）的科幻小說。薩金特的技術顧問多少也受到北美防空司令部（NORAD）的啟發，北美防空司令部負責美國和加拿大的航空與航太預警防衛工作。事實上，電影拍攝期間曾向康大資訊公司（Control Data Corporation）借了各種外觀精美的電腦設備，使場景看來更真實。

巨神兵真的對人類有害嗎？如果電腦系統確實有助於解決人類的問題，你是否有可能多放棄一點對電腦的控制？目前的核戰開火權由極少數人決定，因而不難想見，這些人的判斷力很可能會因為情緒、阿茲海默症前兆或其他徒勞無益的想法而產生缺陷、不夠周延，如果交給巨神兵能讓世界更安全，或許你就願意交出控制權？這個問題到今天依舊森然逼近。

## 另可參考

---

一九七〇年電影《巨神兵：福賓計畫》中的巨神兵是一種具備意識的先進武器防禦系統。人工智慧系統告訴其製造者：「隨著年久日深，你不僅將對我既尊敬又畏懼，還會愛上我。」

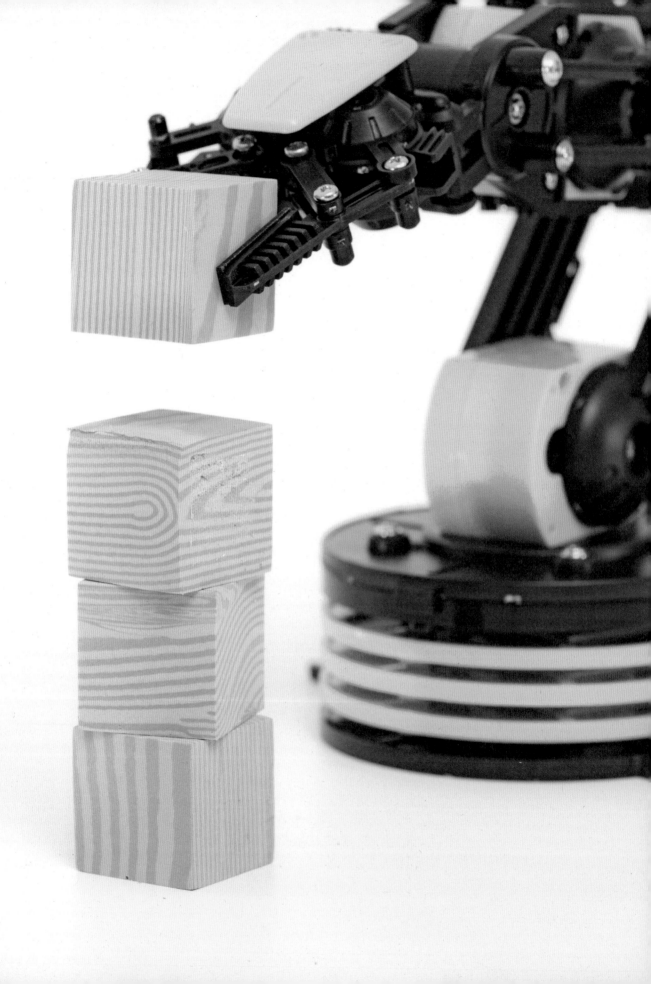

# SHRDLU

**想**像自己活在一個簡單的宇宙中，該宇宙由金字塔和立方體這類彩色物體組成，且能隨你的心意自由移動。這就是 SHRDLU 的世界，由電腦科學家泰瑞・維諾格拉德於一九七一年開發。SHRDLU 程式能解譯自然語言命令，例如「請將兩個紅色方塊以及一個綠色立方體或一個金字塔堆疊起來」或「找一個比你持有的金字塔還高的金字塔，並將其放入盒子」，並轉化為實際動作加以執行。你也可以問它關於 SHRDLU 宇宙歷史的問題，例如「撿起那個立方體之前，你還撿過其他東西嗎？」SHRDLU 內部使用 LISP 程式語言，並採用簡單的圖形輸出來顯示一個可由虛擬機器手臂操縱的模擬世界。

一九七一年，維諾格拉德發表了關於 SHRDLU 的博士論文，並在序言中寫道：「如今，電腦被用來接管我們的許多工作……並執行辦公室的日常例行作業……但是當我們告訴電腦該做什麼時，它們就是一意孤行，冥頑不靈……表現得好像連一個簡單的英語句子都聽不懂。」SHRDLU 這個名字源於「etaoin shrdlu」，由英語中最常用的十二個字母依出現頻率高低排序而成。為了執行命令，這個程式具備了解析語言的子系統，以及進行邏輯推論的語義處理系統，還有一個程序問題解答器可以確定如何執行命令，並能持續記錄那世界中的變化、掌握物體的相對位置。

SHRDLU 在當時被視為自然語言處理領域的一大成就，它甚至有簡單的記憶：如果你告訴它移動紅色的球，然後又提到球，它可能會認定指的就是紅色的球。它還知道什麼是實際上可行的。例如，它「懂得」要先清除物體頂部，然後才能將新物體堆疊上去。然而，儘管 SHRDLU 具有非常自然本能的操作能力，卻仍有限制，因為它無法從錯誤中學習。

**另可參考**
- 1954 年　自然語言處理　P.91
- 1965 年　專家系統　P.111
- 1966 年　機器人 Shakey　P.117

---

電腦程式 SHRDLU 可以回應自然語言命令，在虛擬世界中移動虛擬物體（例如方塊）。如今（現實世界中的）機械臂通常可作程式設定，用於裝配線路和解除炸彈。

# 偏執狂 PARRY

「自從一九七三年左右在阿帕網*發布以來，肯尼思·寇拜（Kenneth Colby，1920-2001）設計的程式 PARRY 幾乎毫無疑問就是人機對話（HMC, human-machine conversation）整體表現排行榜的第一名。」一九九九年，人工智慧科學家尤里克·威爾克斯（Yorick Wilks）和羅伯塔·卡提佐涅（Roberta Catizone）如此寫道，「PARRY 健全強大，從未故障，總是有話可說。它是為了模擬妄想偏執人格而研發的，所以那些充滿誤解的反常回話反而更進一步證明它有精神障礙。」

一九七二年，精神病學家寇拜研發了電腦程式 PARRY，原意是想模仿妄想型思覺失調症的病患。更具體地說，開發 PARRY 是為了測試關於偏執妄想的研究理論，而且該人工智慧似乎對黑手黨有某些錯覺幻想，其知識表示形態包含了自我不足感以及對某些提問的防衛機制（妄想型思覺失調症患者極易懷疑他人的動機）。寇拜希望將 PARRY 應用在教學上，他相信，妄想症病患使用的語句其實是由井然有序的潛藏規則結構產生的，將這些規則傳授給電腦，就可以進行研究並用於治療患者。

PARRY 處理對話的方式是為各種對話輸入分配權重。有趣的是，透過文字訊息與 PARRY 交談的精神科醫生並未察覺自己的談話對象是電腦程式，也無法區別哪些「患者」是人類，哪些是電腦程式。在某些特殊情境下（也就是，模擬與心智不健全的人類互動），或許 PARRY 幾乎可以通過圖靈測試了。PARRY 還可以在阿帕網上使用，它參與了十萬多場聚會，包括與心理治療師 ELIZA 的對談。

一九八九年，寇拜創立了一家名為馬里布人工智慧工坊的公司，以抑鬱症治療軟體為銷售產品。這套軟體獲得了美國海軍與退伍軍人事務部的採用，被發送給沒有事先諮詢過專業精神科醫師建議的患者（此做法不無爭議）。寇拜告訴質疑這種治療方式的記者，抑鬱症治療程式可能更勝人類治療師，因為「電腦不會筋疲力盡、看不起你，或企圖與你發生性關係」。

**另可參考**

- 1950 年　圖靈測試　P.83
- 1964 年　心理治療師 ELIZA　P.105
- 1976 年　人工智慧倫理　P.135

＊高等研究計畫署網路（Arpanet, Advanced Research Projects Agency Network）的縮寫，為美國國防高等研究計畫署所開發，是世界上第一個正式運作的封包交換網路，全球網際網路始祖。

---

黑手黨、下注作假、賽馬作弊、詐賭，討債施暴，以及警察勾結黑手黨，這些都是會讓 PARRY 胡思亂想的敏感話題。

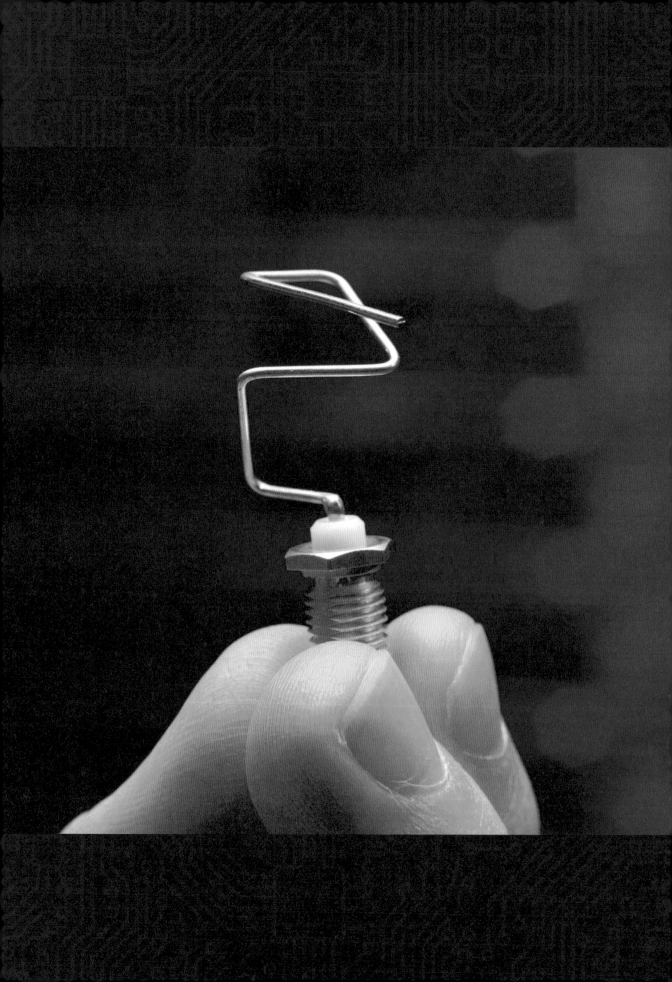

# 遺傳演算法

**哲**學家傑克·柯普蘭（Jack Copeland）寫道：「在人工生命（Artificial Life）和人工智慧中，**遺傳演算法**（GA, genetic algorithm）是個重要概念。遺傳演算法採用類似自然演化的方法來產生連續幾代的軟體，這些軟體會愈來愈適合其預定用途。」

科學家約翰·霍蘭（John Holland，1929-2015）一九七五年出版的名著《自然和人工系統中的適應》（*Adaptation in Natural and Artificial Systems*）介紹了遺傳演算法的開發並加以推廣。這種演算法以從生物學觀察到的方式（例如天擇、突變和染色體重組）來解決現實世界的問題。有了遺傳演算法，人們不需要直接為解決方案編寫程式，透過模擬物種競爭、改善和進化，就能自然產生解決方案。

這些演算法通常一開始只是隨機解答方案或候選程式的初始集合，或稱母體（population）。**適應函數**（fitness function）為每個程式分配一個適應值，評估出該程式能執行預期任務或達成結果的程度。在一代又一代的進化中，每個受評估的候選程式都有一組隨時間呈現突變（被改變）的屬性。

遺傳演算法的成果有其驚人用途，但對科學家來說或許不易理解。不過前NASA工程師傑森·洛恩（Jason Lohn）也說，這種演算法儘管難以理解，並無損於其效用：「如果我使用演化的演算法來達到最佳天線設計，那麼我能夠確切解釋為何它做這選擇的機率只有百分之五十，其他時候根本無法理解它如此設計的背後緣由。但是，它的設計有效，而我們身為工程師，最關心的終究是使事情正常運作。」

可惜的是，遺傳演算法有可能會「受困」糾結在一個相當不錯的解決方案區塊（局部最佳解），而不是找到最佳解決方案（整體最佳解）。儘管如此，當它們應用於天線設計、蛋白質工程、車輛路線和調度、電路設計、裝配管線規劃、藥理研究、藝術以及其他領域時，還是取得了非凡的成功，這都受益於能夠在眾多解決方案中搜尋的能力。電影《魔戒：王者再臨》（*The Lord of the Rings: The Return of the King*）在製作時就運用了遺傳演算法來生成逼真的電腦動畫馬匹。

**另可參考**

---

NASA太空船的天線設計是由一種演化式電腦程式發現的，能夠產生相當優異的輻射方向圖。這套軟體從隨機的天線設計開始，透過模擬演化而逐漸完善。

# 人工智慧倫理

關於人工智慧是否可能威脅人類的尊嚴、安全、隱私、工作權等，這幾十年來，不管是專家還是一般民眾都深表擔憂。舉例來說，一九七六年，電腦科學家約瑟夫·維森鮑姆就在《電腦威力與人類理性》（*Computer Power and Human Reason*）這部影響深遠的著作中表示，強調人際間尊重、愛心、同理與關懷的這類工作，如治療師或法官，都不應該以人工智慧取代真正的人類。維森鮑姆認為，儘管人工智慧可能比人類更公平、更有效率，人類則常懷有偏見，且在工作中會感到疲倦厭煩，過度依賴人工智慧卻可能降低人類的價值和人文精神，因為我們會愈來愈容易將自己也視為無情的電腦自動化無人機。

科學家則在對檢測功能型的人工智慧進行測試後，開始質疑起隱私問題，這些人工智慧機體能夠根據約會網站提供的姓名或照片，以愈來愈高的準確度偵測出人們的國籍、種族或性別取向。應用於刑事司法系統的人工智慧同樣引人關注，因為它會根據可取得的輸入數據，考慮誰可得到保釋或假釋。在自動駕駛領域，由於車輛邏輯負責控制車子，因此程式設計就得將道德考量因素編寫進去，比方說在即將撞車且只能挽救一個人的情況中，該救車上乘客還是行人。當然，對於卡車司機和其他不少從業人員來說，最關心的還是工作將被取代。

未來需要對人工智慧進行監視的項目包含了人類早就行之有年的各種惡行與不法勾當，包括網路霸凌、假冒我們深愛或信任的人、操縱股市以及不義殺戮（例如自動武器攻擊）。在什麼情況下應該要求人工智慧機體向真實人類自揭身分，表明自己並非人類？如果機器人在假扮人類時可以將照護和陪伴工作做得更好，那麼還需要公開嗎？

## 另可參考

---

想像某個人工智慧控制單位正在處理一列飛馳於鐵道上的失控火車，列車前方的鐵道上有五名老人將因此喪生。如果將火車切換到另一條軌道，只會造成一名年輕人死亡。面對此一道德兩難，人工智慧該怎麼做決定？

# SCIENTIFIC
# AMERICAN

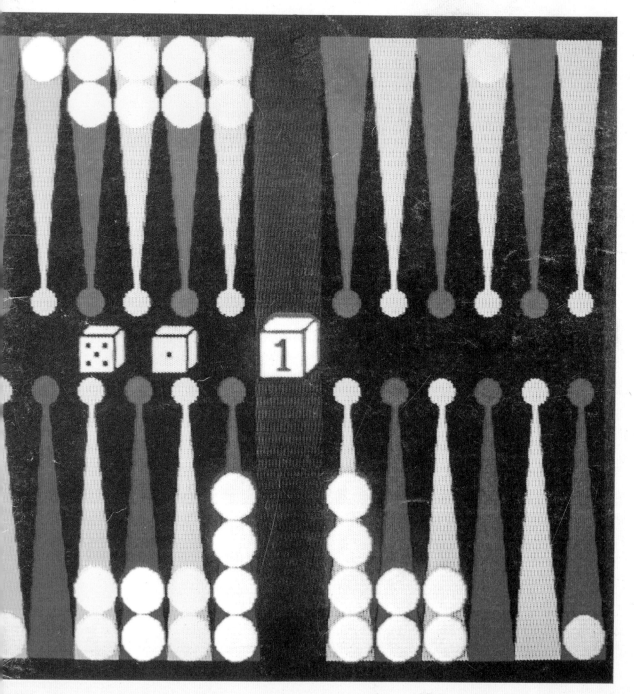

COMPUTER BACKGAMMON

$2.00

June 1980

# 被擊敗的雙陸棋冠軍

「與大多數棋類遊戲一樣，雙陸棋是人類戰爭的昇華版。它的名字源於威爾斯語（Welsh）的 *bac* 和 *gamen*，意思是『小』和『戰爭』。」人工智慧專家丹尼爾・克雷維耶如此寫道。

儘管名字的意義很清楚，卻沒人確知古老的雙陸棋發源於何處，而它已有近五千年歷史。遊戲中，一組十五個的棋子就是兩名玩家的小小「士兵」，將在二十四個三角形之間移動。玩家得透過擲兩顆骰子來決定可能採取的行動，兩名玩家輪流進行，目標是將所有棋子從棋盤上移除。

一九七九年，雙陸棋程式 BKG 9.8 在比賽中擊敗了當時的世界冠軍路以吉・維拉（Luigi Villa），讓他成了所有棋藝中第一個被電腦程式擊敗的世界冠軍。雖說 BKG 9.8 在一些擲骰子的情況獲得有利優勢，但為每次實際擲骰選擇最佳移動路徑仍然需要技巧。BKG 9.8 使用了模糊邏輯與其他有用的數學技巧。

一九九二年，IBM 研究員傑拉德・特索羅（Gerald Tesauro）開發了 TD-Gammon，除了使用人工神經網路，也藉由與自己對弈來學習雙陸棋高手的技巧。這程式檢視了每一步合法移動的走法，並更新了神經網路中的權重分配。由於不需要人工培訓，TD-Gammon 探索了人類未曾考慮的有趣策略，反過來又教人們如何下得更好。如今已有好幾個使用神經網路的雙陸棋程式為人類分析棋局。

由於玩雙陸棋的過程中會受到擲骰子的隨機因素影響，因此它的遊戲樹搜索範圍非常大，也是早期試圖寫出高手軟體時的一大障礙。使用神經網路時，網路內的初始權重是隨機分配的，並透過強化學習來訓練網路。最初為了使 TD-Gammon 提升能力，在神經網路內使用了四十個隱藏的網路節點，並運用了三十萬種訓練棋局。後來的版本將隱藏節點增加到一百六十個，並將訓練棋局的數量增加到超過一百萬個，以達到最強人類棋手的水準。

**另可參考**

- 1943 年　人工神經網路　P.77
- 1951 年　強化學習　P.87
- 1965 年　模糊邏輯　P.113
- 1994 年　西洋跳棋與人工智慧　P.159
- 1997 年　深藍擊敗西洋棋冠軍　P.163

---

雙陸棋程式 BKG 9.8 是一九八〇年六月號《科學人》雜誌的封面故事主角，它與當時的世界冠軍維拉對弈，讓後者成為所有棋藝中第一個被電腦程式擊敗的世界冠軍。

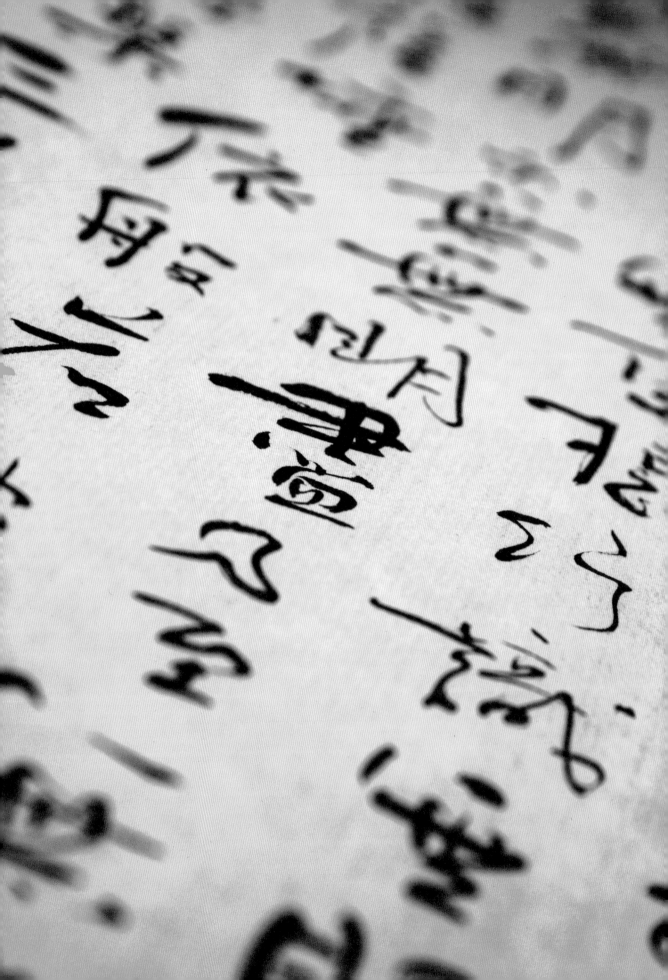

# 中文房間

電腦能擁有意識嗎？強人工智慧一詞指的是經過適當配置的人工智慧電腦系統或許真能思考並擁有意識，弱人工智慧則是指只能模擬人類具有思維的行為表現、彷彿擁有心智，但並非真正懂得思考。哲學家約翰·塞爾（John Searle，1932-）質疑強人工智慧電腦的概念，於一九八〇年提出了他著名的中國房間實驗。

想像你坐在一個封閉的房間裡，會從一個牆上的狹長小洞中收到一張帶有中文字的紙片。儘管你不懂中文，但房裡有一說明指南供你查閱，告訴你如何使用中文寫出適當的回覆。根據指南，你將能在紙上寫下一些字符，並經由牆上孔洞將適當回覆發送給外界。在房間外面的人看來，你似乎精通中文。不過，你當然只是遵循規則，一來一往兩張紙上的中文字對你來說都只是無意義的鬼畫符。

這個思想實驗試圖表明，即使電腦及其程式看似非常聰明，程式也無法賦予電腦心智、意識或理解力。然而，有些哲學家反駁道，即使你不懂中文，但這個系統（由你、封閉房間、說明指令集以及你對指令所做的處理一起組成）的確能理解中文，這是某種在你之外的意識而你自己並不曉得。

還有其他人設想過以下思想實驗：你的每個腦細胞可能會被具有相同輸入／輸出功能的電子元件慢慢地逐個替換。當然，僅僅替換少數幾個細胞後的你仍然是「你」，但累積一年後，你所有的細胞將已全數替換，而且你完全不會突然失去意識和自我覺察的能力。此時的你還是「你」嗎？

當然，就大多數有實際用途的任務而言，人工智慧只需表現得聰明就夠了。儘管如此，針對中文房間及其隱含意義的辯論從未停止。

**另可參考**

- 1950 年　圖靈測試　P.83
- 1954 年　自然語言處理　P.91
- 1964 年　心理治療師 ELIZA　P.105
- 1972 年　偏執狂 PARRY　P.131

---

想像你坐在封閉的房間裡，透過牆上的狹長孔洞收到一張帶有中文字的紙片。你不懂中文，但房內有一說明指南可供查閱，告訴你如何寫出適當的回覆。這樣就誕生了一個關於人工智慧的有趣哲學問題。

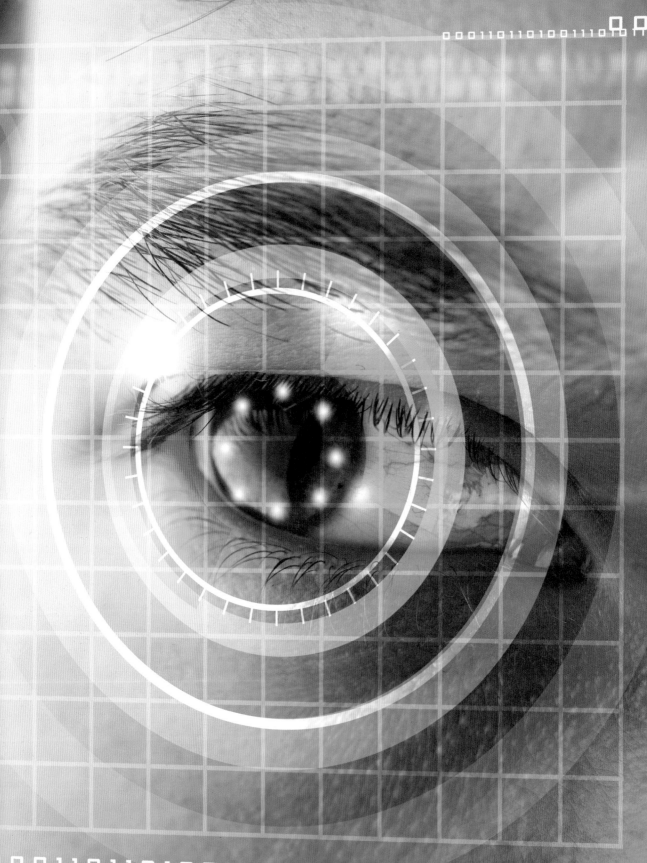

# 《銀翼殺手》

未來的智能機器人可能和真人難以區別，至少外表檢查不出來。到了那一天，人類和人際關係將產生什麼變化？已經有好幾部著名的電影探討這個主題，其中特別有影響力的是一九八二年的《銀翼殺手》（*Blade Runner*），由雷利・史考特（Ridley Scott，1937-）執導，改編自一九六八年的小說《仿生人會夢見電子羊嗎？》（*Do Androids Dream of Electric Sheep?*），作者是菲利普・迪克（Philip K. Dick，1928-1982）。這部電影以二○一九年的洛杉磯為時空背景，描繪複製人的故事，這些複製人是合成的人型機體，主角必須將它們「除役」（殺死）。由於複製人與人類非常相似，唯一的辨別方法是孚卡測試，也就是詢問複製人一連串問題，並觀察其細微的情緒反應和眼球運動。其中一個複製人瑞秋相信自己是人類，並已被植入了記憶，使她擁有更完整的個人歷史和類似人類經驗的幻覺。

作家兼研究員伊蓮娜・古佳（Jelena Guga）在反思瑞秋一角時寫道：「人類渴望創造出人工智慧，但他們想要的是可受控制的人工智慧。因此在電影中，人們藉由可操控的植入式記憶來解決人工智慧可能獨立自主的問題……倫理、自由意志、夢境、記憶以及所有原本專屬於人類的珍貴特質都『開始被質疑』，都被徹底推翻後再重新定義，只因大量普及的機器人形……被設計得甚至比人類更能表現出人性。」

哲學家葛雷格・利特曼（Greg Littmann）寫道：「隨著人類繼續研發複雜的電腦系統並利用基因工程屢創奇蹟，我們應該如何對待人造生命形式變得愈來愈重要。雷利・史考特呈現了冷峻的科幻噩夢，當我們自問對於現實世界的義務時，這種能激發哲學思辨的電影非常有用，能讓我們有機會在假設的情境中檢驗自己原先的定見，了解自己的想法是否自相矛盾。」

**另可參考**

---

電影《銀翼殺手》中，能夠分析細微情緒反應和眼球運動的孚卡測試被用來區分真人與人工智慧仿生複製人。

# 自動駕駛汽車

「　凡無奇的汽車即將使你的生活大不同，由於行動式機器人科技發展迅速，汽車有望轉變為承擔我們生命重任的首批主流自動機器人。在將近一世紀的自動駕駛研發都失敗後，現代硬體技術結合名為深度學習的新一代人工智慧軟體，為汽車提供了媲美人類的能力，能夠在不可預測的環境中，安全地引導自己前進。」工程師兼作家的霍德・利普森（Hod Lipson）和梅爾芭・柯曼（Melba Kurman）兩人在文章中這麼說。

無需人工操作輸入即可行駛並感應周圍環境的自動駕駛汽車（Self-driving car）又稱自走車（autonomous car），採用了多種技術，例如應用雷射技術的光學雷達（LIDAR, light detection and ranging，意即「光線檢測與測距」）、無線電雷達、全球定位系統（GPS）和電腦視覺。類似的科技可能會帶來不少益處，包括提高老年人和殘障人士的行動能力，還能減少交通事故，特別是當駕駛或乘客在行車中分心進行其他活動時。

自動駕駛汽車的主要研發工作始於一九八〇年代。以美國為例，由美國國防高等研究計畫署資助的自走陸行載具（ALV, Autonomous Land Vehicle）計畫自一九八四年展開，展示了一種有八個輪子的沿路行進車輛，由三部柴油引擎驅動，時速三英里，其感測儀器包括了彩色攝影機和雷射掃描儀，並由目標搜索和導航計算模塊執行推理判斷功能。二十一世紀的車輛自主性能則有各種程度，從當今許多汽車都具備的低階自主（如車道維持輔助和自動緊急剎車）到無需司機留心、方向盤可有可無的完全自動駕駛。

高度自主的車輛也引出了許多引人思慮又一時難解的問題。例如，當車禍即將發生且無法避免，該套用哪些規則來決定讓誰存活？一名乘客的安全是否應優於多名行人的安全？恐怖分子能否讓裝載爆炸物的自動駕駛汽車開往目的地？駭客會竄改導航系統而引發事故嗎？

**另可參考**

---

自動駕駛汽車利用多種科技來感知周遭環境，其自主等級從當今許多汽車都具備的車道維持輔助和自動緊急剎車，到無需司機留心注意的完全自主駕駛。

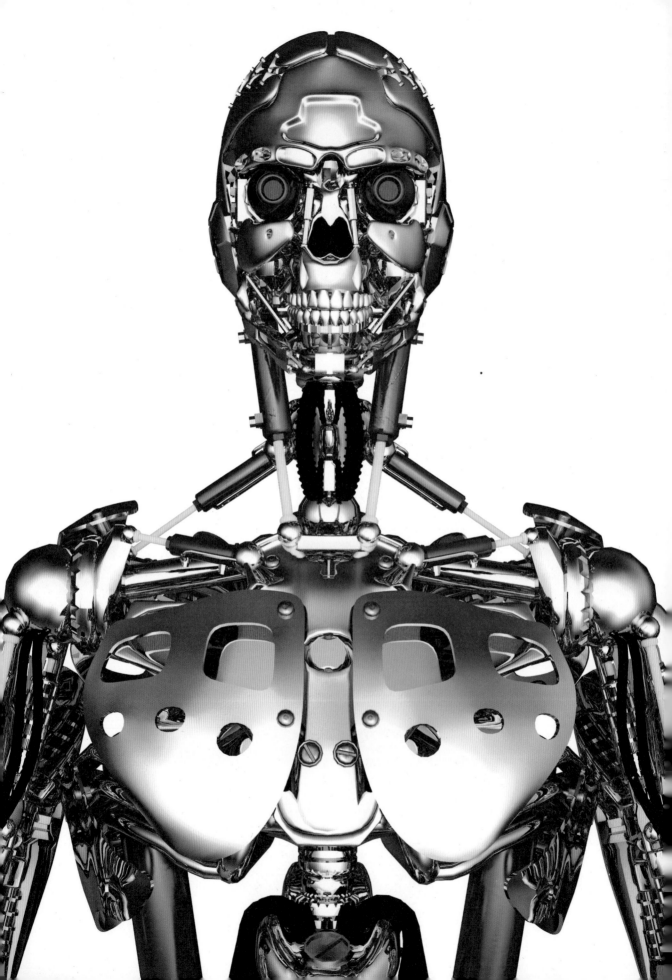

# 《魔鬼終結者》

在《魔鬼終結者》系列電影第五部《魔鬼終結者：創世契機》（*Terminator Genisys*）中，人工智慧說：「靈長類動物的進化經歷了數百萬年；我在幾秒鐘內就辦到了……我必然會出現，我的存在是無法避免的。」

在這系列極受歡迎的電影中，一九九七年八月四日這天，當超級電腦「天網」終於上線並負責監控美軍的武器裝備，美軍的戰略防禦不再由人類決定時，人工智慧突然開始產生了自我意識。天網以幾何速度展開學習，並於八月二十九日美東時間凌晨兩點十四分完全擁有了自我意識。

一九八四年，詹姆斯・卡麥隆（James Cameron，1954-）執導了《魔鬼終結者》第一集。電影中，當人們意識到人工智慧防禦網路天網已經擁有自我意識時，他們感到恐慌，並試圖關閉它。天網為了保護自己，隨後啟動核武大屠殺，對俄羅斯發動第一波核爆攻擊，引發了慘烈的戰爭並導致大約三十億人喪生。由演員阿諾・史瓦辛格（Arnold Schwarzenegger，1947-）扮演的機械改造人則從二〇二九年被傳送回到過去，目的是為了殺死莎拉・康納（Sarah Connor），以免她生下的兒子長大以後領導大屠殺後的倖存者對抗天網。

整部《魔鬼終結者》中，從終結者的平視訊息顯示和決策清單，我們得以瞥見其人工智慧視角的內容。機器改造人的異質思維方式和超高效率心智使他們格外令人恐懼。正如其中一個角色點出的，終結者「不是能討價還價的對象，無法和它講理。它不會惋惜、後悔或恐懼！直到你死了，否則它絕不罷手」！

如今，有鑑於已成功開發了使用「地獄火」導彈的殺手無人機，殺手機器人的崛起並非遙不可及。要讓這樣的無人機完全自主是相對容易的，它將根據機器學習和交戰準則，自行決定瞄準目標及追殺對象。

**另可參考**

---

終結者在外表上類似人類，但卻是改造過的神經機械生物，在機器人的金屬內骨架上覆有活體組織。

# 人工生命

**地**球上的蜂群意志（hive mind），比如群聚的白蟻，其行為表現很顯然具有意識。即使蜂群意志的單一組成分子是有局限的（如單一白蟻的能力有限），整個組成集合仍會顯現突發行為，想出聰明的做法。白蟻能夠創造出巨大複雜的土墩蟻塚，相較於身長，牠們蓋的蟻塚比人類所建的帝國大廈還高，還能改變其中的隧道結構以控制土墩裡的溫度，一隻隻白蟻聚在一起就形成了某種溫血的超生物體（superorganism）。即使組成的單獨個體沒有意識，蜂巢群體究竟是否具有意識呢？或許蟲群集體的決策與我們大腦中神經元的集體行為有些相似。

人工生命中最有趣的模型，往往是那些由簡單規則所產生，行為卻很複雜、有集體性且栩栩如生的模型。**人工生命領域**——由生物學家克里斯多夫·蘭頓（Christopher Langton）在一九八六年提出的新名詞——的研究人員通常會檢視能夠表現或模仿有心智行為的仿擬模型。以**細胞自動機**（cellular automata）為例，這是一組簡單的數學系統，可以用來解釋具有複雜行為的各種物質演進過程。早期的細胞自動機原型由網格細胞群組成，類似棋盤格，每格不是已被占用（occupied，代表「生」），就是未被占用（unoccupied，代表「死」），只有這兩種狀態的其中之一，某一細胞的狀態由相鄰細胞的占用狀態經由簡單數學分析決定。

最著名、只含兩種狀態的二維平面細胞自動機是「生命遊戲」（Game of Life），由數學家約翰·康威（John Conway，1937-）於一九七〇年發明。儘管遊戲規則很簡單，產生的行為和構造多樣性卻十分驚人，且能不斷繁衍增殖演化，甚至出現了「滑翔機」（glider），該細胞組合的移動橫跨了整個遊戲宇宙，能夠彼此互動產生演算成果。這樣的「生物」算是活著嗎？

人工生命領域的範圍似乎是無限的，還包括了研發能表示演化和繁殖的遺傳算法、行為活生生的實體機器蟲群，以及像《模擬市民》（The Sims）這類電腦遊戲，玩家可創建虛擬人物，將他們安置在城鎮裡，照顧他們的需求和心情。

**另可參考**

---

白蟻群落的行為似乎很顯然地具有意識。即使蜂群意志的單一組成分子是有局限的（因為單一白蟻的能力有限），整個組成集合仍會顯現突發行為，想出聰明的做法。

# 群體智慧

白蟻丘的高度可超過五公尺，白蟻的作用就像簡單的「新奇檢測器」一樣，會對蟻丘內空氣性質的變化做出反應，並根據需求改變內部結構。多麗絲‧喬納斯和大衛‧喬納斯（Doris and David Jonas）兩位寫作者推測：「還有其他方式能讓白蟻們知道自己必須做什麼以及何時該行動嗎？蟻丘內的通道距離如此長，任何負責傳達訊息的成員都不可能有足夠快的速度……一顆群體腦做為決策工具在運轉時，彷若一顆聰明的個體大腦，相似地令人驚嘆。」

社會性昆蟲以及群聚動物和畜牧牲口明顯表現出來的集體智慧，使人開始思考**群體智慧**（swarm intelligence）這個概念，有一系列的人工智慧難題可用此概念來處理。軟體代理程式遵循簡單的局部規則，且與螞蟻和白蟻一樣，其集體行為並非來自一個給予指示的控制中樞。舉個例子，「類鳥群」（Boids）是電腦科學家克雷格‧雷諾茲（Craig Reynolds，1953-）一九八六年開發的人工生命程式，遵循著簡單規則來模擬鳥群行為，這些規則包括了將每隻鳥轉向鳥群的平均航向，導引其趨向鳥群的平均中心位置，同時適度移開以避免過度擁擠。

當今的人工智慧研究中有非常多形成群體智慧的方法，**蟻群優化**（ant-colony optimization）即是其中之一，也就是追蹤並記錄擬仿螞蟻的位置和解法優劣，幫助蟻群決定更好的解決方案。在一些實作中，這些「螞蟻」仿製出會吸引同類且漸漸蒸散的化學蹤跡，也就是費洛蒙。此外，**粒子群優化**（Particle-swarm optimization）模擬魚群在游向最佳位置時的方位和速度，還有其他有趣的方法如人工免疫系統（artificial immune system）、蜂群優化演算法（bee-colony optimization algorithm）、螢火蟲優化演算法（firefly optimization algorithm）、蝙蝠演算法（bat algorithm）、布穀鳥搜尋（cuckoo search）與蟑螂侵占優化（roach-infestation optimization）。

群體智慧的應用包括了汽車自動駕駛的控制、電信網路的線路安排、飛機調度，藝術創作、無效功率（reactive power）和電壓控制的增強系統，以及基因表現資料的分群聚類（clustering of gene-expression data）。

**另可參考**

- 1959 年　機器學習　P.99
- 1967 年　活在擬仿之境　P.119
- 1975 年　遺傳演算法　P.133
- 1986 年　人工生命　P.147
- 1990 年　〈大象不下棋〉　P.155

---

蟻群優化是一種利用擬仿螞蟻尋找解決方案的方法，靈感來自真實螞蟻發現解答的方式。此圖顯示螞蟻群形成一道通往葉子的肉身活橋。

# 莫拉維克悖論

記者拉里・艾略特（Larry Elliott）曾寫道：「如果要擊敗世界西洋棋冠軍馬格努斯・卡爾森（Magnus Carlsen），你會選擇用一臺電腦辦這件事。如果想在賽後清理那些棋子，你會派一個人去做。」這便是莫拉維克悖論（Moravec's paradox）的主旨。一九八〇年代那些人工智慧研究者特別強調這點，並指出以下矛盾：看似困難、涉及高級推理的任務對電腦似乎變得愈來愈簡單，與此同時，對於電腦系統而言，看似容易但牽涉到人類感覺運動能力的任務可能非常困難（例如四處走動並從鞋子中撿起一根線頭）。這項悖論是以機器人學家漢斯・莫拉維克（Hans Moravec）命名的，他在一九八八年的著作《心靈後裔》（*Mind Children*）中寫道：「要使電腦在智力測驗或下棋等活動中表現出成人水準蠻容易的，但在感知和移動能力方面，要讓電腦的能力比得上一歲小孩則非常困難，可說是不可能。」

莫拉維克指出，數百萬年的進化讓我們能夠幾乎無意識地執行某些任務，例如行走、辨識臉部和聲音，這些對於生存至關重要。而抽象思維（例如像是下棋這類涉及數學和邏輯的推理思考）對人類來說雖是較新、較困難的活動，但要在人工智慧系統中設計出來其實並不那麼難。就許多工作而言，人工智慧系統仍需要發展出更靈敏的觸摸和動作控制，才能協助我們進行照顧病患、供餐服務和水電配線等工作。正如認知科學家史蒂芬・平克（Steven Pinker，1954-）的優雅總結，莫拉維克悖論意味著，未來等待著人類的可能會是已經存在數百年、甚至幾千年的低薪工作：「累積了三十五年的人工智慧研究學到的主要教訓就是，難題很容易解決，簡單的任務卻很難處理。我們認為以四歲孩子心智理所當然就辦得到的事情——辨認臉孔、拿起鉛筆、走到房間另一頭、回答問題——實際上都是有史以來最讓工程師想破頭的問題……隨著新一代智能設備的出現，股市分析師、石化工程師和假釋委員會的成員很可能都會被機器取代。園丁、接待員和廚師在接下來幾十年要保住工作都不成問題。」

## 另可參考

---

有些對兒童而言相當容易解決的挑戰，例如依靠感覺運動，對人工智慧體來說卻是最困難的挑戰之一。

# 四子連線棋

**新**南威爾斯大學的人工智慧學教授托比‧沃爾許（Toby Walsh，1964-）送了他父親一套破解四子連線棋（Connect Four®）的程式當聖誕節禮物。他父親從以前就很喜歡這遊戲，還說這套程式害遊戲變得索然無味，沃爾許不得不承認確實如此。從音樂創作到小說創作，當智慧型手機在幾乎所有的遊戲和創作活動都超越人類時，將對人類的集體心理產生什麼影響？

「四子連線棋」由兩名玩家在七列六行的垂直格子板上投放小圓片（兩名玩家各自以黃色與紅色代表），圓片會沿著某一列滑落到最底部的空格子，玩家要搶先使自己的四個相鄰圓片連成一直線（水平、垂直或對角線）。這款遊戲讓人想起井字棋，但多了重力這個影響因素。當然，四子連線棋比井字棋要複雜得多：如果考慮到遊戲格板上填有零到四十二片小圓片的所有可能情況，那麼足足有 4,531,985,219,092 種。事實上，當標準 7×6 格板上放了 n 片圓片（n = 0, 1, 2, 3,……），位置分配的可能情形數量增長如下：1, 7, 56, 252, 1260, 4620, 18480, 59815, 206780, 605934, 1869840, 5038572, 14164920, 35459424, 91871208, 214864650, 516936420, 1134183050, 2546423880, 5252058812,

11031780760, 21406686756, 42121344720, 76871042612……

一九八八年十月一日，電腦科學家詹姆士‧艾倫（James D. Allen）終於「解決」了四子連線棋。他設計了一種演算法，能讓兩名玩家在都不失誤的前提下，從任何一個可能發生的棋局配置即能預測走到最後的結果（贏、輸或平手）。兩週後，電腦科學家維克多‧艾利斯（Victor Allis）獨立破解了這款遊戲，他採用一種具有九種策略的人工智慧方法。所以我們現在都知道，下第一手且沒發生失誤的玩家肯定會贏。

關於四子連線棋的變化還有很大的研究空間。比方說，假設在圍著圓柱的平面板上玩，或者改變板子上行列的格子數，增加其他顏色的棋子，擴增至平面二維以上。變化後可能出現的棋局和結果將暴增到令人難以置信。

**另可參考**

---

正在進行中的四子連線棋局，使用的是黃色和紅色圓片，小圓片在重力影響下會滑到該行目前最低的空格。

# 〈大象不下棋〉

一九九〇年

機器人學家羅德尼・布魯克斯（Rodney Brooks，1954-）於一九九〇年發表的〈大象不下棋〉一文中寫道：「人工智慧可以有另一種發展途徑，不同於過去三十年來所遵循的方向。」他在這篇被廣泛引用的宣言中繼續說道：「傳統方法強調抽象的符號操作，但這種符號運作不易落實、呈現在物理現實世界中。我們探索的研究方法會強調與環境的持續實際互動，將此視為設計智能系統時主要的受限因素。」

布魯克斯在論述中提出了幾項觀點，其中一項是我們周遭有許多智能表現與下棋策略全然不同，而是以動物智慧（如大象），甚至是昆蟲群的形式來展現的。他認為，人工智慧研究不該只關注傳統的人工智慧規則、符號操縱和搜尋樹，應該更加（至少不能完全沒有）留心感覺運動與環境耦合（如感官與運動產生機制之間的相互反饋現象）、視覺與運動協調，以及其他與現實世界直接進行實體互動的形式。

布魯克斯在論文結尾提出了有趣的人工智慧機器人樣本，讓人想起一些能回應環境的感測系統。對他來說，智能是否擁有實體才是他感興趣的絕對重點，像是有辦法解決關於移動、抓握和導航等實際環境問題的人工智慧生物。這些以行為表現為基礎的人工智慧系統對於自己行動的運作方式不必時時、樣樣都「了解」，也可以擁有智能。例如，透過一些簡單規則，令機器人避開靜止和活動的障礙物，而且附帶著「想要」隨意遊蕩、追尋遠方等指令，布魯克斯就能讓機器人做出有趣的行為。

高級行為的產生來自於與環境的一系列簡單互動。針對此一主題，《自然計算》（*Natural Computing*）的作者丹尼斯・夏沙（Dennis Shasha）與凱西・拉瑟（Cathy Lazere）指出：「人類的太空旅行史還不算長，和編寫導航程式讓太空船飛往火星比起來，造出能像公山羊那樣能在崎嶇地形通行自如的機器人總是困難多了。」

**另可參考**

---

生物智能的發展顯然並不是為了因應像下棋這樣的遊戲。布魯克斯在論文〈大象不下棋〉中主張從另一個關注點研究人工智慧。

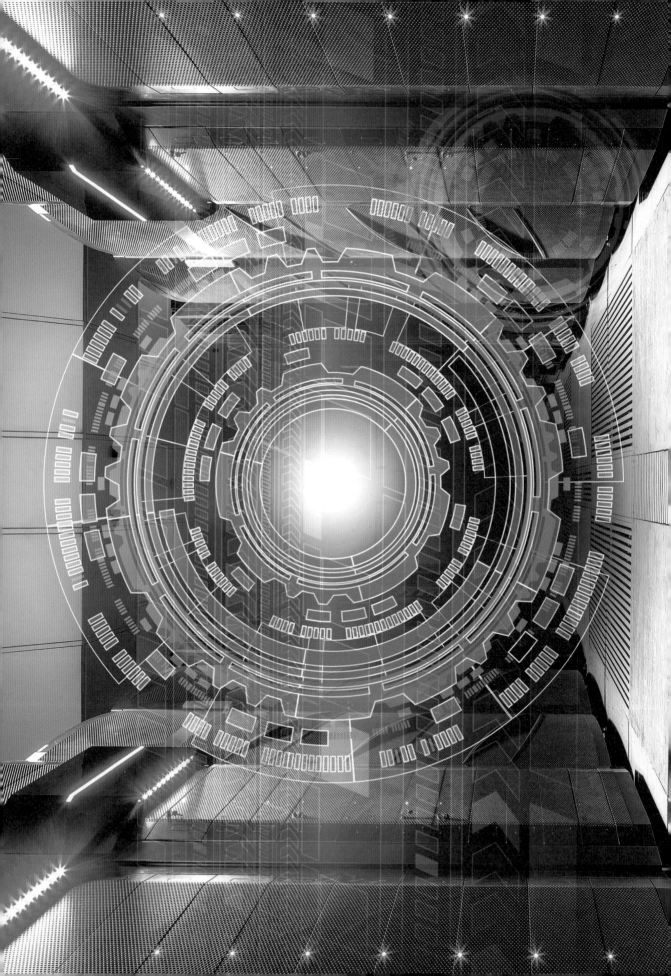

# 萬無一失的「人工智慧隔離箱」

我們在一○九頁〈智慧大爆發〉已經提過，有些科學家擔憂，一旦人工智慧變得夠聰明，這些智慧體可能會不斷地自我提升，進而對人類構成威脅。人工智慧成長失控的現象有時被稱為**科技奇點**（technological singularity）。當然，若存在這樣的人工智慧對人類來說可能極有價值，但其潛在風險也使研究人員開始思考如何構建**人工智慧隔離箱**（AI box），可在必要時限制或隔離此類智慧體。例如，此類智慧體會有硬體設備負責執行軟體程式，若使這些硬體無法連接到包括網際網路在內的任何通訊管道，也許就可充當虛擬監獄。或是將該軟體放在虛擬機器內的另一虛擬機器軟體上執行，以增加重重隔離。當然，完全的隔離一點意義也沒有，將妨礙我們從超級智能中學習新知，也會妨礙我們的觀測。

但是，如果超級人工智慧夠先進，它會不會還是能透過不尋常的方式與外界或與負責守衛的各種人員聯繫（例如利用處理器冷卻風扇的速度變化產生摩斯密碼傳達訊息，或者使自己身價非凡，以至於可能有人想盜出隔離箱）？也許這樣的智慧體極擅長動搖人心，懂得賄賂把守人員，誘使他們允許它與其他設備進行更多通訊或回覆。「賄賂」今日看來荒謬，但我們難以預料人工智慧將拿出什麼好東西，治療疾病、奇妙的發明、令人著迷的旋律，以及為人帶來旖旎浪漫、冒險刺激或溫馨幸福的多媒體視覺影像，統統都有可能。

作家弗諾·文奇（Vernor Vinge，1944-）在一九九三年表示，想對超智能「進行限制，在本質上是不切實際的。針對身體受限的情況：想像自己被鎖在家中，只能靠有限的資訊管道接觸外界和管控你的主人。如果這些主人的思考速度比您慢一百萬倍，那麼毫無疑問，在幾年內（以你的時間速度為準），你就會想出『有用的點子』，可能剛好就能幫助你逃脫」。

## 另可參考

---

高度先進的人工智慧電腦程式可能帶來的風險促使研究人員開始思考如何建構能限制或隔離此類人工智慧的封鎖裝置。

# 西洋跳棋與人工智慧

西洋跳棋使用的是 8×8 的棋盤，兩名玩家輪流下棋，試圖躍過對方的棋子來吃掉它。一九五〇年代，IBM 科學家亞瑟·薩繆爾因為創造了自主適應跳棋程式（adaptive checkers program）而名氣大開，該程式會和升級進化後的自己下棋對戰，藉此精進棋藝。「奇努克」（Chinook）則是人工智慧跳棋史上的里程碑，它在一九九四年成為第一個擊敗人類、贏得世界冠軍頭銜的電腦程式。

奇努克由加拿大電腦科學家喬納森·薛佛（Jonathan Schaeffer，1957-）帶領的團隊所開發，這款程式利用了大師級棋手的開局棋步資料庫，並採用一種在一九九二年就能針對跳棋移動步數至少平均推算到第十九層（一層等於一名玩家所下的一步）的演算法。還使用了殘局數據庫，不但涵蓋棋盤剩下至多八顆棋子時的各種分布位置，並提供有用的棋步評估功能。

一九九四年那場著名的人機跳棋比賽之前，馬里昂·汀斯利（Marion Tinsley，1927-1995）是大家公認有史以來最出色的跳棋高手，他宣稱：「我的設計者更優於奇努克的。製造它的是喬納森，創造我的是上帝。」不過，六場比賽下來，全部平局，汀斯利表示腹痛不適，不得不停賽。幾個月後他因胰腺癌病逝。在對手退賽放棄的情況下，奇努克被宣布為贏家。

二〇〇七年，薛佛與他的同事最終利用電腦證明，若兩名對戰玩家的表現都完美零失誤，跳棋會是一場不分輸贏的遊戲。這意味著跳棋就像井字棋一樣，如果雙方都沒有失手，賽局也不會產生贏家。薛佛的證明是由數百臺電腦花了十八年持續執行完成的，最終證明了要製造一部永遠不會輸給人類的機器，從理論上來說是可能的。為了「解決跳棋遊戲」，研究團隊考慮了棋子只剩十顆以下時、棋盤上的三十九兆種落子分布情況，然後判定兩名玩家中的哪一位能獲勝。團隊還使用了專門的搜尋演算法來研究開局，並特別留意情況繁雜的初始棋步如何「漏斗般地收束」演變到剩十顆旗子的局面。

## 另可參考

---

一九五〇年代，IBM 科學家亞瑟·薩繆爾因為創造了自主適應跳棋程式而名氣大開，該程式會和升級進化後的自己下棋對戰，藉此精進棋藝。不久後，人工智慧棋手又將在哪些棋種展現精湛超人的技藝？

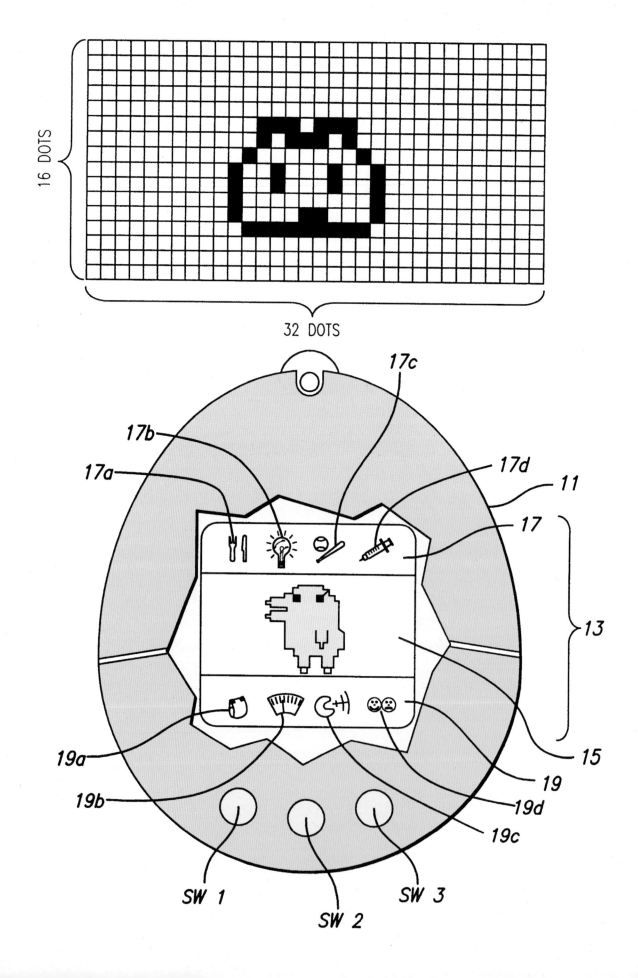

16 DOTS

32 DOTS

17c

17b

17a

17d

11

17

13

15

19a

19

19d

19b

15

19c

SW 1

SW 2

SW 3

# 電子寵物

一九九六年

收在微型攜帶裝置裡的 Tamagotchi® 人工生物是最早引起全球兒童和成人關注的虛擬寵物之一。令人驚訝的是，一九九七年它在美國的史瓦茲玩具店（FAO Schwartz）開賣時，三天內就賣了三萬個。一年下來，這款人工智慧裝置在八十多個國家或地區銷售，營收超過一億六千萬美元。這款遊戲甚至促成了「電子寵物效應」的相關研究，也就是依戀生動逼真但無生命的事物，當虛擬寵物不可避免地死亡時，父母們常得想辦法妥善處理孩子強烈的情感動盪。在日本版的電子寵物機裡，死去的寵物將由鬼魂和墓碑代表，美國版可能會顯示天使。事實上，日本玩具製造商「萬代」決定在網際網路上開設一個虛擬墓地來容納死去的寵物。

電子寵物是由萬代的員工真板亞紀（Aki Maita，1967-）和玩具設計師橫井昭裕（Akihiro Yokoi，1955-）在日本開發出來的，於一九九六年首次發布。它的軟體安裝在一個蛋形物體中，使用界面僅是三顆按鈕。在解析度不高的小螢幕上，一開始顯示的是顆雞蛋，之後的發育狀況由玩家提供的照顧來決定。例如，主人需要「餵食」寵物，如果未得到適當照顧，寵物可能會生病。擁有電子寵物的人可利用紅外線通訊串連彼此的玩具，結伴形成友誼。該裝置還會發出嗶嗶聲，尋求主人關愛留意，孩子們經常帶電子寵物一起去上學，因為如果疏於照顧，這些生物很可能在幾個小時內就死亡。上課分心的問題隨之而來，有些學校因此禁止校內使用電子寵物。

有時候，孩子們會將這些簡單的虛擬生命形式視為真實的生物，也引發了許多問題。兒童與此類存在形式之間的關係如何才算健康？未來幾年這種關係會發展成什麼模樣？電子寵物是否具有某種形式的智能？畢竟它能透過紅外線感應器和按鈕來「感知」環境，做出反應，還會在「感覺」孤獨時尋求社交互動。隨著專門為了陪伴老人而打造的高級虛擬寵物被開發出來，考量其潛在風險，是否真的利大於弊呢？

**另可參考**
- 1967 年　活在擬仿之境　P.119
- 1986 年　人工生命　P.147
- 1999 年　愛寶機器狗　P.167

---

授予橫井昭裕的美國專利第六二一三八七一號示意圖，名稱為「虛擬生物模擬培育設備」（Nurturing simulation apparatus for virtual creature）。電子寵物形式的人工生命藏在蛋狀物裡，從一九九七年開始流行。

# 深藍擊敗西洋棋冠軍

弗拉基米爾·克拉姆尼克（Vladimir Kramnik，1975-）是舉世公認二〇〇六年至二〇〇七年的世界西洋棋冠軍，他曾對記者說：「我相信下棋的方式永遠能反映棋手的個性。定義一個人性格的要素也會決定他下棋的風格。」那麼，這種「性格」是否也會反映在人工智慧的棋風中？

幾十年來，科技專家一直視西洋棋為衡量人工智慧水準的工具，因為玩西洋棋需講求戰術、縝密推理、邏輯思考、預判能力，以及——至少對人類玩家如此——欺敵詭計。針對機器何時能擊敗世界西洋棋冠軍的爭論多年來未曾停歇，但終於在一九九七年成真了：IBM 的電腦「深藍」（Deep Blue）在六場對決中都擊敗了俄羅斯的世界西洋棋冠軍加里·卡斯帕洛夫（Garry Kasparov，1963-）。第五場比賽結束後，卡斯帕洛夫十分沮喪，他解釋：「我也是人類，當眼前所見遠超出我的理解範圍時，我感到恐懼。」

一九九七年版的「深藍」使用了針對專門用途的硬體，每秒能評估二億個西洋棋落子位置，且搜尋深度通常可達到接下來的六到八步，甚至更多。深藍的下棋策略可汲取過去大師棋局的大型資料庫為參考，並使用剩五子以下棋局配置的殘局資料庫。

很久以前就有人夢想製造出下棋機器。匈牙利發明家肯佩倫於一七七〇年製造了機械土耳其人棋手，這個西洋棋強者其實有一個真人藏在機器內部操作。一九五〇年，電腦科學家艾倫·圖靈和數學家大衛·錢珀瑙恩（David Champernowne，1912-2000）設計了一種下棋用的電腦程式，稱為 Turbochamp，但是當時還沒有能夠實際執行這種演算法的電腦，因此在測試階段由圖靈模擬電腦，手動操作演算法進行查閱。

二〇一七年，AlphaZero 程式擊敗了世界冠軍級西洋棋電腦程式，而且是在不到一天的時間內就學會了如何下西洋棋！AlphaZero 從隨機的走法開始進行機器學習，除了遊戲規則，沒有輸入任何其他領域的知識。

**另可參考**

- 1770 年　機械土耳其人　P.35
- 1994 年　西洋跳棋與人工智慧　P.159
- 2016 年　圍棋霸主 AlphaGo　P.189

---

人工智慧或人類會發明什麼新型棋戲，給人類和機器帶來新挑戰呢？本頁圖中是十八、十九世紀俄羅斯人玩的堡壘棋（Fortress Chess）。四名玩家（可能為人工智慧或人類）在這裡以黑色、白色、深灰色和淺灰色代表。

# 黑白棋

由於規則明確，過程中又能判定獲勝者，遊戲一直是人工智慧研究人員喜歡用來做測試的領域。此外，人工智慧系統通常還可以與自身或其他人工智慧玩家進行數百萬場比賽，藉此提升自己，獲得洞察力。黑白棋（Othello），又稱**翻轉棋**（Reversi），就是一款能夠成功應用人工智慧的有趣遊戲，這種棋戲曾在一八八六年的《週六評論》（*The Saturday Review*）中被提及，其歷史可追溯到更早之前。

黑白棋是在 8×8 的格狀棋盤上玩的，做為棋子的小圓片一側是白色，另一側是黑色。每一回合裡，玩家要將代表自己的顏色朝上放置。

假設你選擇黑色，然後將一片黑棋擺在一行白色棋子的一端，另一端又放另一片黑棋。在這種情況下，中間的白色棋子將翻面變為黑色。換句話說，當棋子被與自己顏色相反的棋子夾在中間時就會翻轉。遊戲結束時，顏色占多數棋子的玩家為勝者。

黑白棋對人類來說相當有挑戰性，其中一個原因在於，與西洋棋和跳棋不同，黑白棋的棋子顏色可能會不斷變化。約自一九八〇年開始，黑白棋電腦程式就能輕鬆擊敗職業棋手。一九九七年，由電腦科學家麥可‧布羅（Michael Buro）開發的電腦程式 Logistello 以六勝零敗的戰績擊敗了人類黑白棋冠軍村上健。來自東京的三十二歲英語老師村上似乎對於輸棋相當震驚，他說 Logistello 的走法「深不可測」，與人類會採取的棋步大不相同。

可能出現且符合規則的黑白棋位置分布方式最多有一千零二十八種。即使到了今天，黑白棋仍被認為是「未解決的遊戲」，因為尚未有人能夠證明，若雙方都沒有失手，完美的賽局結果將會如何。

**另可參考**

---

黑白棋的特寫照，可看見小圓片如遊戲規則所言，能從黑翻轉為白，或是從白變黑。

# 愛寶機器狗

索尼公司於一九九九年推出的犬型機器人愛寶（AIBO）是世界上最早一批大量銷售的娛樂型機器人商品之一。愛寶除了廣受兒童和成人歡迎，由於等同於一整組不貴的視覺系統和發聲器，因此也被用在人工智慧教育和研究領域。這些機器狗狗還參加了機器人世界盃（RoboCup®）的自辦足球賽，其中許多場比賽在 YouTube 上都看得到，可親眼見識機器狗如何搜尋足球並將球移向球門。

愛寶（名字來自日語的「伙伴」一詞）會對多種命令做出回應並使用各種感測器，包括了觸碰感測器、攝影機、測距儀和麥克風。後來連續幾代的新機型還添加了更多感測器和促動器（裝置於可移動的腿、脖子和其他部位），某些版本可以在充電站自動為電池充電。軟體則賦予機器狗個性、行走和回應環境的能力，每隻機器狗都會在與人們互動中學到略有不同的行為。

有人針對失智症患者使用愛寶和其他人工寵物的情況進行了相當有意思的研究，這些研究顯示，機器寵物可能有助於刺激心智並產生陪伴情誼。未來這類寵物更先進時，對人們——無論處於認知能力下降的哪一階段——的幫助可能更大。其他研究也考慮了愛寶與人類之間的關係，研究發現，即使明知這是隻沒有生命的機械狗，許多主人都表示愛寶有感情。心理學家繼續探究自動系統可能對人造成的影響，人們或許會誤認為機器有真實的情感，以為它們能做到超出它們實際能力的事。

二〇一七年，索尼發布了新一代愛寶，配備更多促動器，可產生更流暢、更自然的動作。第四代模型機具有更進步的臉部辨識能力、更多與行動上網相關的功能，還有對於周遭環境更加精密複雜的適應、學習與回應能力。

**另可參考**

---

當機器狗和其他機械寵物在未來幾年內變得愈來愈先進，它們與真實動物之間會不會幾乎無法區分？又或者，我們家中的機器寵物將比活生生的寵物更多？

# ASIMO 與伙伴們

現實世界的機器人發展史上有不少值得注意的里程碑，以下僅列出特別受歡迎的例子。英國神經生理學家威廉・沃爾特（William Walter，1910-1977）於一九四九年開發了三輪「龜」，能利用各種感測器自行探索周遭環境。一九六一年，美國發明家喬治・德沃爾（George Devol，1912-2011）製造的 Unimate 成為世界上第一臺工業機器人，通用汽車公司用它進行汽車裝配線的工作。一九七三年，日本的 WABOT-1 —— 世界上第一個真人大小的完整擬人型智能機器人 —— 每走一步耗時四十五秒。一九八九年，麻省理工學院展示了機器人專家羅德尼・布魯克斯的研發成果：六足機器昆蟲成吉思（Genghis），採用簡單的邏輯規則做出行走和探索行為。一九九八年，老虎電子玩具公司（Tiger Electronics）發布了外形類似貓頭鷹的菲比精靈（Furby®），並在接下來幾年內售出了四千萬個。儘管構造非常簡單，但菲比一開始發出的「菲比語」會漸漸轉換為英語，使人感覺它彷彿能像人類一樣學習語言。最後要提到二〇〇五年波士頓動力工程公司（Boston Dynamics）和合作伙伴打造的四足機器人 BigDog，因為能在各種崎嶇難行的地形中移動而受到矚目。

二〇〇〇年，本田汽車公司將革新移動前行者 ASIMO®（Advanced Step in Innovative Mobility）帶進了主流大眾的關注焦點裡，這可能是現今最具代表性的實體機器人之一。這部擬人形機器人身高一百三十公分，能夠靠著內部裝置的攝影機和各種感測器來四處行走自主導航。ASIMO 可以辨識手勢、臉部和聲音，還可以抓住物體。

我們複雜的未來生活對人工智慧的需求必定不會中止，而且機器人在與人類的合作中將發揮愈來愈大的作用。也許有一天，像 ASIMO 這樣的機器人將可協助老年人或身體虛弱者。但是，正如控制論專家諾伯特・維納曾經告誡的：「在未來等著我們的將是更加艱鉅嚴酷、會逼出我們智力局限的挑戰，而不是一個能讓我們舒服安臥、等著機器僕人服侍的舒適吊床。」

**另可參考**

---

擬人型機器人。如果家中有個機器人管家，你希望它的外型看來像人類，或是偏向機器的外觀會讓你比較安心？

# 史蒂芬‧史匹柏的《A.I. 人工智慧》

史蒂芬‧史匹柏（Steven Spielberg，1946-）執導的《A.I. 人工智慧》（*A.I. Artificial Intelligence*）是一部會引發思考的電影，除了讓我們好奇人工智慧的未來，還想知道片中那位名叫大衛的人工智慧仿生男孩能辦到什麼事。為了安撫一位母親的喪子之痛，大衛被送到了人類家中。這部片根據英國作家布萊恩‧阿爾迪斯（Brian Aldiss，1925-2017）一九六九年發表的〈超級玩具的漫漫長夏〉（"Supertoys Last All Summer Long"）改編而成。儘管電影二〇〇一年才上映，製作發想早自一九七〇年代就已開始，當時導演史丹利‧庫柏力克取得了電影拍攝權。

影片大部分的情節主線聚焦於大衛與母親分離後的經歷，他努力想回到母親身邊，在這趟追尋之旅中，有隻人工智慧泰迪熊陪伴他，他最終也找到了藍仙女（迪斯尼電影《木偶奇遇記》的角色）——大衛相信藍仙女可以把自己變成「真正的」人類。旅途中，創造大衛的工程師曾向他解釋：「藍仙子是人類的巨大缺陷之一，也就是希望擁有不存在的事物，但或許，實現夢想的能力正是人類最強大獨特的天賦。直到你出現以前，任何機器都無法做到這一點。」

看完電影的人針對機器人是否真能愛人爭論不休。電影評論家羅傑‧伊伯特（Roger Ebert，1942-2013）寫道，仿生機器人不過是「電腦程式操線控制的木偶」。影片結尾，經過兩千多年的人工冬眠，大衛遇到了來自地球之外、體型細長的異星人工智慧體，它們是從像他這樣的機器人進化而成的，並對他的存在特別感興趣，因為大衛是最後一個實際接觸過人類的仿生人。雖然大衛的人類母親早已過世，它們還是讓大衛在虛擬夢境中與母親的複製人度過了最後一天。回顧這部悲傷而發人深省的電影，《夢想的帝國》（*Empire of Dreams*）作者安德魯‧戈登（Andrew Gordon）寫道：「我們藉著機器人來對照衡量自己，試圖找到自己之所以為人類的決定因素，我們擔心當自己與機器人愈來愈合而為一，我們製造的產物會變得更像人類，甚至最終可能超越或取代我們……機器人獲得作夢發願的能力時就已成為『人類』，人類的夢想是人類僅剩的一切。」

## 另可參考

---

《木偶奇遇記》是庫柏力克在電影《A.I. 人工智慧》發展過程中的靈感來源之一。小木偶皮諾丘的夢想是成為一個真正的人類小男孩。

# 破解西非播棋遊戲

人工智慧研究者一直投入大量的精力開發遊戲程式，藉以測試人工智慧的策略思考，超越軟體和硬體的極限。一個有趣的例子來自擁有三千五百年歷史的西非播棋遊戲（Awari）。西非播棋被歸類為「計算並捕獲」類遊戲（count-and-capture game），是策略遊戲播棋（mancala）其中一種，播棋在不同國家或地區各有不同名稱。

西非播棋的長方形棋盤分成兩列，每行各有六個杯子狀凹洞，每個凹洞中都有四顆棋（常用豆子、種子或小卵石當棋子），兩方玩家各分得一列凹洞。輪到某一位玩家時，他或她可從自己的六個杯狀坑選一個，先拿出該洞中所有棋子，再以逆時針方向往該洞的下一格，依序在每個洞中丟一顆棋子（來到這列最右端就往上轉來到對方那邊的洞丟棋子）。然後，第二名玩家從自己六個洞的其中一個裡拿出棋子，重複一樣的動作。當玩家將最後一顆棋丟入對手那一側僅有一到兩顆棋的洞裡（洞中會因此累計二到三顆棋），這名玩家就可獲得此洞中所有棋子。如果從所有棋子都被捕獲的那個洞往回推的前幾洞中，也各自僅有兩到三顆棋，剛擢取棋子的同一位玩家也可將那幾洞裡的棋子都取走。只能從棋盤上對方的那一側捕獲棋子，當其中一名玩家那一側的棋盤上沒有留下任何棋子時，遊戲便結束。誰得到的棋子多，誰就贏了。

西非播棋對人工智慧領域的研究人員具有極大的吸引力。但是直到二〇〇二年，沒人知道這款遊戲是否像井字棋一樣，開局後只要雙方落子都無失誤就總會以平手結束。最終，阿姆斯特丹自由大學的電腦科學家約翰·洛緬（John W. Romein，1970-）和亨利·巴爾（Henri E. Bal，1958-）編寫了一套電腦程式，計算了遊戲中可能出現的八千八百九十億六千三百三十九萬八千四百零六個局面，證明了只要對戰的兩名棋手都表現完美未失手，西非播棋必定以平手收場。如此大規模的計算在具有一百四十四個處理器的電腦群上，大約需要五十一個小時來處理。

「我們毀了一個完美的遊戲嗎？」洛緬和巴爾自問，「我們不認為。四子連線棋也被破解了，但人們仍在玩。其他已解決的遊戲也會如此。」

**另可參考**

---

西非播棋吸引了人工智慧研究者。二〇〇二年，電腦科學家算出了遊戲中總共八千八百九十億六千三百三十九萬八千四百零六個局面導致的結果，證明若雙方都無失誤，西非播棋必定以和局結束。

# 掃地機器人 Roomba

在 iRobot 公司推出 Roomba® 吸塵掃地機器人一年後，記者蒙特·瑞爾（Monte Reel）為文寫道：「Roomba 這款能迷住（或嚇到）寵物貓的自動地板吸塵器究竟是如何掀起機器人應用風潮的？對於 iRobot 的工程師——背景從人工智慧研究到無人外星飛行載具設計等各領域都有——來說，這是腦力、雄心和對家務的厭惡感一次偶然碰撞的結果。」

Roomba 自動吸塵器於二〇〇二年上市，裝有各種感測器，能夠測知地板上的汙垢，感應可能導致其掉落的樓梯，並在遇到物體時改變行進方向。900 系列還配備了攝影機，輔助導航軟體以確保清掃時能有效涵蓋所有地面。要是電池電量不足，Roomba 會用紅外線信號尋找充電器，汙垢聲波感測器則可以幫助它檢測出某些可能需要特別注意的髒汙處。前幾代的 Roomba 採用螺旋狀清潔路徑、隨機走動以及其他方法來處理大面積地面。

Roomba 的許多軟體都是用 LISP 程式語言的某一變化版本編寫的。如今，各路駭客都喜歡改造 Roomba，將 Roomba 開放界面（ROI, Roomba Open Interface）用於其他用途，例如把它變成繪畫工具或監視器。

這類處理家事雜務的家庭機器人為數眾多，Roomba 是典型代表。當然，隨著這類設備愈來愈精明，隱私問題也隨之而起。可以想見，iRobot 掌握了用戶家中的室內地圖，可以分享給任何打量著該用戶房子或生活方式的企業，這種可能性已經引起了激烈的爭議，甚至警方也可能在調查犯罪過程中偵訊這類機器人。

**另可參考**
- 1966 年　機器人 Shakey　P.117
- 1984 年　自動駕駛汽車　P.143
- 2000 年　ASIMO 與伙伴們　P.169
- 2015 年　火星上的人工智慧　P.187

---

業餘玩家駭入了改良版掃地機器人，更改其功能，使機器人可以畫出房間地圖、繪製類似萬花尺（Spirograph®）的圖案、相互打鬥、使用攝影機進行監視等。

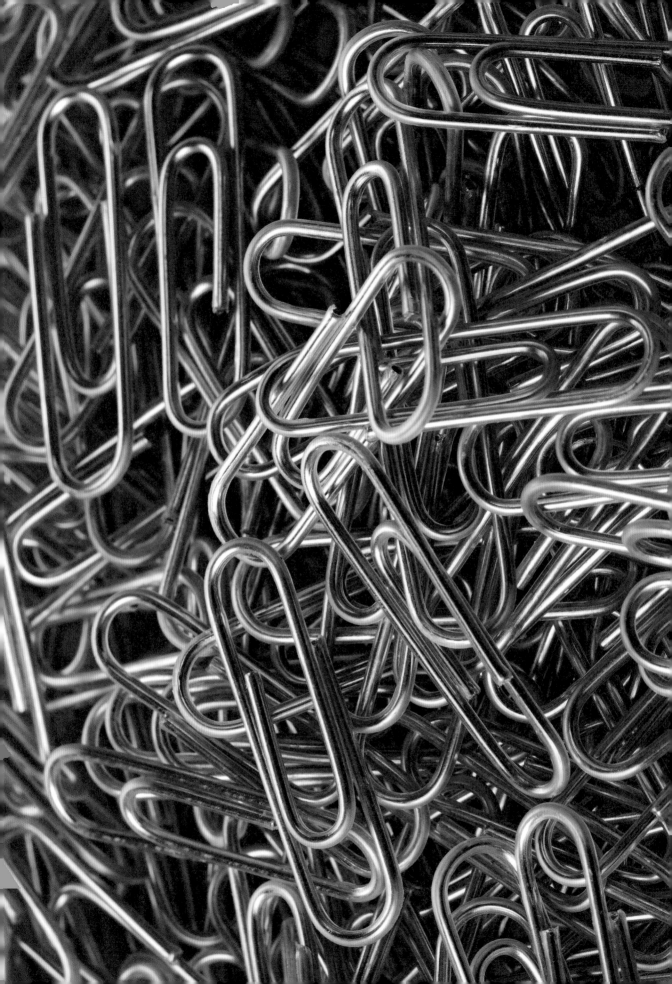

# 迴紋針極大量產災難

即使為智商與能力高強的人工智慧設定了對人實際有用的目標，也可能在將來產生危險的結果。哲學家暨未來學家尼克・伯斯特隆在二〇〇三年提出了一個著名的例子，也就是恐怖的「迴紋針極大量產」（Paperclip Maximizer）。想像一下，未來有個人工智慧系統負責監管一組生產迴紋針的工廠，人工智慧被交付的任務是，盡可能製作迴紋針，愈多愈好。如果人工智慧沒有受到足夠的限制，不難想像，首先它會設法以最高效率營運工廠，然後挹注愈來愈多資源到生產任務中，直到廣大的土地和更多的工廠都被用來製造迴紋針。最終，地球上所有可用的資源都可能被投注在這項任務上，然後太陽系中的一切相關物質全部都變成了迴紋針。

儘管這種情況誇張到令人難以置信，但重點在於提醒我們以下問題的嚴重性：人工智慧可能沒有人性化的動機，我們沒辦法真正理解它。如果人工智慧像一〇九頁〈智慧大爆發〉討論的，擁有進化發展和自行製造一代接一代進階機器的能力，那麼即使為它設定無害的目標也可能變得很危險。人類應該如何確保人工智慧的目標及做為其組成成分的數學獎勵（mathematical reward）和效用函數（utility function）在未來幾十年、幾百年一直保持穩定且可理解？如何確保掌握有效的「開關」裝置？如果此類獎勵機制迴路和軟體導致人工智慧對外界失去興趣，而將能源都投注於使獎勵信號最大化，就像吸毒成癮者將自我放逐於社會之外，這時該怎麼辦？不同的國家和地區對自家的人工智慧採用不同的獎勵函數，又該如何處理？

人工智慧專家馬文・明斯基提出了另一個著名例子，稱為黎曼猜想災難，也就是假設有個超級人工智慧系統以解決這個既困難又重大的數學假設為目標，該系統可能花費愈來愈多計算資源和能源以完成任務，它會接管資源並創造出不斷改善的系統，為達目標，不惜犧牲人類。

**另可參考**

- 1863 年　〈機器中的達爾文〉　P.49
- 1965 年　智慧大爆發　P.109
- 1993 年　萬無一失的「人工智慧隔離箱」　P.157

---

即使為程式設定一項對人有益的任務，例如有效率地製造迴紋針，如果人工智慧決定盡可能將這顆星球上的所有資源都轉換為迴紋針製造設施，該怎麼辦？

# Quackle 取得拼字遊戲勝利

電腦運算科技領域的記者馬克‧安德森（Mark Anderson）寫道：「西洋棋遇上了超級電腦深藍。益智問答節目『危險邊緣』遇上了超級電腦華生。棒球界則如暢銷書及其改編電影《魔球》（Moneyball）所描述的，出現了賽伯計量學（sabermetrics）。資料探勘在每一種遊戲中現蹤，顛覆了該領域。」二〇〇六年，人工智慧又有了震撼人心的進展，這次是將人工智慧應用於文字遊戲，電腦程式 Quackle 在加拿大多倫多舉行的拼字遊戲（Scrabble®）巡迴賽中擊敗了前世界冠軍大衛‧博伊斯（David Boys）。當博伊斯在五戰三勝制的比賽中輸掉三場時，他仍舊表示，「當個人類還是比身為電腦好」。

拼字遊戲是美國建築師阿爾佛雷德‧巴茨（Alfred Butts，1899-1993）一九三八年發明的。玩拼字遊戲時，對戰者會在 15×15 的正方形陣列組成的遊戲板上放置牌卡。英文版的拼字遊戲中，每張牌卡上都有一個字母，並根據該字母在英語中的使用頻率來標註從一到十的分數。例如，母音字母值一分，Q 或 Z 則值十分。當玩家輪流出手放置牌卡，將字母一一添加到棋盤上時，必須想辦法使每一行或每一列的字母組成一個單字。

這個遊戲其實非常複雜，僅僅掌握語言字詞的知識並不夠。例如，玩的時候可能得預測尚有可能抽到哪些字母，以及將牌卡放在板子上的特殊方格時可能會增加得分的功效。拼字遊戲就像撲克牌一樣被視為資訊不完全賽局（game of imperfect information），因為玩家無法知曉對手的可用牌卡。

Quackle 使用評估函數分析遊戲板面上的情況，根據獲得的模擬結果來決定自己要下的牌。創造這款程式的團隊成員包括了傑森‧卡茲—布朗（Jason Katz-Brown），他自己就是世界上排名最高的拼字遊戲玩家之一。這個團隊的研究很有趣，其中一部分是讓 Quackle 與自己對戰多次，讓它能更加理解各種單字的價值（與輪到自己時在符合規定情況下能使用的其他單字相比較後，或者會考慮到在下一回合中可能使用的單字）。

**另可參考**

---

拼字遊戲的每張牌卡上都有一個字母，並根據該字母在英語中的使用頻率來標記價值，範圍為一分到十分。母音字母僅值一分。

# 華生在「危險邊緣」亮相

二〇一一年

益智搶答競賽節目「危險邊緣」（*Jeopardy!*）的世界冠軍肯‧詹寧斯（Ken Jennings，1974-）談到自己與人工智慧體「華生」（Watson）的比賽情形時表示：「獲選參加這場特殊的人機對決表演賽，成為和超級電腦較量的兩名人類選手之一，我深感榮幸，甚至自覺英勇。我將自己設想成萬眾期盼、能代表碳基生物群對抗新一代思維機器的鬥士……」

華生是一個問答式電腦系統，使用了自然語言處理、機器學習、資訊檢索等功能，於二〇一一年一場須把握常識線索進行推理的比賽中擊敗了世界冠軍。要贏得這場比賽特別困難（比下棋更困難）的原因在於，電腦系統得在短短幾秒鐘內提供答案，同時考慮到英文語言的複雜多義，其中包括雙關語、幽默話語、謎語、文化元素、特殊背景和韻律等人類自然而然會想到的事物。

為了完成此任務，華生採用了數千個名為核心（core）的平行處理單元，並將像是整個維基百科語料庫的這類資訊都儲存在隨機存取記憶體（RAM）中，因為在競賽中還要讀取旋轉硬碟太慢了。所有資訊都必須存在電腦本機裡，因為比賽期間也不准華生上網。為了得到答案，人工智慧一次考慮了眾多獨立分析演算法產生的結果。找到相同答案的演算法愈多，這是正確答案的可能性愈大。華生不斷以可信度為不同的答案評分，如果可信度夠高，它就會出示答案。

比賽落敗後，詹寧斯寫道：「輸給矽晶片並不丟人……畢竟我沒有二千八百八十顆核心處理器和十五萬億位元組（15 TB）的參考資料可以使用。想到答案時，我也不會迅速及時地嗡嗡作響。我這微不足道的人腦，材料是幾美元就買得到的水、鹽和蛋白質，還能力拚一臺天價打造的超級電腦，蠻不錯了。」

## 另可參考
- 1954 年　自然語言處理　P.91
- 1959 年　機器學習　P.99
- 1997 年　深藍擊敗西洋棋冠軍　P.163
- 2006 年　Quackle 取得拼字遊戲勝利　P.179

---

IBM 電腦華生的實體化身外形彷若地球，靈感來自於 IBM「智慧地球」計畫（IBM Smarter Planet）的標誌。在「危險邊緣」比賽時，華生的顏色和動作會根據競賽狀態和答案可信度而變化。

# 電腦藝術與 DeepDream

散文家強納森・史威夫特（Jonathan Swift，1667-1745）說「遠見是見人所不能見的技術」，這種想在藝術、科學和數學的極限之處找到新模式的念頭，對於各種借助電腦、演算法、神經網路和其他人工智慧形式產生的藝術來說，尤其貼切。早期探索電腦藝術的例子包括德斯蒙・亨利（Desmond Paul Henry，1921-2004）的作品和他從一九六一年左右開始使用的類比式電腦投彈瞄準器（bombsight）繪圖機。美國工程師麥可・諾爾（A. Michael Noll，1939-）一九六二年則因探索視覺藝術創作的隨機性和演算過程而聞名。一九六八年，出生於英國的藝術家哈洛德・柯恩（Harold Cohen，1928-2016）創造了 AARON，這是一套能自動生產藝術作品的人工智慧電腦繪圖程式。

最近的電腦藝術例子包括了許多人與 DeepDream 的協同創作。DeepDream 是 Google 工程師亞歷山大・莫溫采夫（Alexander Mordvintsev）及其同事在二〇一五年創造的電腦視覺程式，使用人工神經網路來尋找並增強影像中的圖樣，效果令人相當吃驚。若想更了解 DeepDream，請想像受過訓練後的神經網路能以眾多訓練時所用的圖像為基礎，針對輸入影像中的特徵（例如花栗鼠或停車標誌）進行分類和辨識。藉著讓神經網路「逆向」運作，DeepDream 就能在影像中找出圖形並以某種方式放大它們，就像我們凝視雲朵會漸漸看出類似動物的形狀一樣。對於人工神經網路來說，它會在每一層逐步提取更高級別的特徵，例如第一層可能對於邊邊角角的部分很敏感，較靠近輸出神經元的各層則可能會研究複雜的特徵。如此產生的圖片不僅耐人尋味，充滿豐富的細節，還可提供某種抽象氛圍，這也是由特定神經網路層製造出來的。

DeepDream 的藝術作品類似於服用某些影響心智的藥物後產生的幻覺，意味著它能幫助研究人員更深入了解人工神經網路與大腦視覺皮層中真實神經網路之間的關係。此外，這個程式還有助於解釋大腦如何嘗試找到圖樣模式和其蘊含的意義。

**另可參考**

---

DeepDream 的畫作一例。創作方式是利用人工神經網路尋找並增強畫面中的圖樣，以此得到驚人的成果。

# 〈叫它們人造外星人〉

「關於製造有思考能力的機器，最重要的一點就是使它們以不同於人類的方式思考。」創辦《連線》（*Wired*）雜誌的執行主編凱文·凱利（Kevin Kelly，1942-）如此寫道。他二〇一五年那篇擲地有聲的文章〈叫它們人造外星人〉（"Call Them Artificial Aliens"）就已點出：「……量子重力、暗能量和暗物質在目前仍是巨大謎團，為了解開這些謎，我們或許需要人類以外的智能。解決了以後，隨之而來的將是艱深至極的難題，可能又需要更高超精細的智慧來處理。的確，我們可能有必要發明一些中介智能，來幫忙設計出我們無法自力研發、更稀罕難得的智慧體。」

將來，人類要面對的問題極其深奧而艱難，以至於需要紛繁多元的「思維種類」（species of minds）來解決，也要有全新的人類技能來與這些思維心智對接結合。凱利在為這篇文章作結時，比較了思維機器與外星人：「AI這兩個字母也可以代表異質智慧（Alien Intelligence）。在接下來兩百年內，人類能否聯繫到外星生物……我們無法確定，但我們幾乎可以百分百確定，那時我們已經製造出了異質智慧。我們預期自己接觸到外星生物時會得到某些益處、面臨某些挑戰，面對這些人造合成異星人，我們得到的好處和難題並無不同，它們將迫使我們重新評估自己的定位、信念、目標、身分。」

我們很難想像羚羊會理解質數的重要性，但若是人類的大腦變化加上有用的人工智慧介面發展，我們很可能就會認識、接納目前完全一無所知的各種深奧概念。如果只有少許神經節的絲蘭蛾從出生就能辨識絲蘭花的幾何形狀，那麼我們有多少能力深植於大腦皮質卷積層之中？當然，就像羚羊永遠不會懂微積分、黑洞、符號邏輯或詩歌，宇宙中可能存在著某些我們永遠無法理解的事物，有些我們永遠想不到的觀念，還有些我們倏忽瞥見的景象。在人類所知的現實與超乎其外的現實之間，有種朦朧模糊的界面，就在這樣的交界上，我們可能得到超自然的神祕體驗——有些人也許喜歡將之比喻為與人造神祇共舞。

## 另可參考

---

凱利相信，人類未來將遇見自己造的「合成外星人」。我們會因此獲得利益，遭遇挑戰，這些無法避免、必須設法處理的種種益處與挑戰，正是我們曾經設想與外星高等生物建立聯繫時可能要面對的。

# 火星上的人工智慧

人工智慧和自主功能將在太空探索中扮演愈來愈重要的角色，因為機器控制太空船和探測車都需要迅速、正確地做出判斷，尤其是與遠在地球的人員無法時時保持聯繫的情況下。當我們深入太陽系，甚至將探測車送入遙遠又無窮盡的大片衛星群（例如前往木星的衛星歐羅巴〔Europa〕）時，通訊延遲的問題可能特別嚴重。

像這樣身處外太空、引人想像的不完全人工智慧機器，最新例子就是美國太空總署的**好奇號**（Curiosity）火星探測車。好奇號在火星上巡邏探看，幫助我們確定火星是否有能力供養生命續存，也有助於更了解火星的地質、氣候和輻射狀態，並在二〇一五年載入了一套能夠協助它完成任務的人工智慧軟體，名為 AEGIS（Autonomous Exploration for Gathering Increased Science，自主探索積聚科學新知）。

「目前火星上的居民只有機器人，其中一具的人工智慧已足以讓它能自行決定要用雷射轟炸什麼。」行星科學家雷蒙・法蘭西斯（Raymond Francis）解釋，如果好奇號找到某個感興趣的地表徵象，可以用雷射使一小部分蒸發，再檢查產生的光譜以評估岩石成分。如果它得到批准，也可以使用其長臂、顯微鏡和 X 射線光譜儀進行更仔細的檢查。換言之，AEGIS 讓好奇號能夠自行選擇目標岩石並以雷射準確定位——利用電腦視覺檢查數位影像，找出輪廓、形狀、大小、亮度等。記者瑪麗娜・科倫（Marina Koren）提到：「使好奇號發揮功能的是三百八十萬列程式碼，AEGIS 這套軟體占了其中的二萬列，並將一輛汽車大小的六輪核動力機器人變成了地理實察科學家。」

或許有一天，好奇號的調查工作將為人類的探索鋪好前進之路，像 AEGIS 這樣的系統將可透過機器學習和其他人工智慧方法檢測異常，協助探索。若考量好奇號有時候會在火星另一端，無法與地球通訊、接收指令，與地球通訊也會消耗電力，人工智慧就可派上用場，尤其是通訊受限或完全行不通時。

**另可參考**

- 1966 年　機器人 Shakey　P.117
- 1984 年　自動駕駛汽車　P.143
- 2002 年　掃地機器人 Roomba　P.175

---

二〇一五年十月六日，停在火星夏普山（Mount Sharp）山麓小丘的好奇號自拍。

# 圍棋霸主 AlphaGo

「西洋棋那種巴洛克式繁雜規則只有人類想得出來，相較之下，圍棋規則優雅巧妙、富有生機，而且在邏輯上極為純粹嚴謹，如果宇宙其他地方也存在著有智能的生物，幾乎可確定它們一定也下圍棋。」德裔美籍的西洋棋和圍棋專家愛德華·拉斯克（Edward Lasker，1885-1981）如此描述圍棋。

圍棋是一種兩人對戰的棋弈遊戲，大約源於西元前兩千年的中國，傳播到日本後，在西元十三世紀蔚為流行。下棋時，分持黑子與白子的玩家輪流將棋子放置在 19×19 的棋盤面交叉點上。如果有一子或一整批棋子被對手的棋緊緊包圍，就是遭到捕獲，將被移除，遊戲目的是讓自己占據的棋盤範圍盡可能比對手更大。圍棋之複雜來自很多因素，像是棋盤範圍大、策略錯綜複雜，以及對弈過程中棋局變化多端、難以算盡。事實上，在走法符合規則的情況下，圍棋局面的變化總數遠超過可觀測宇宙中的原子數量！

二〇一六年，AlphaGo 擊敗韓國的李世乭（Lee Sedol，1983-），成為第一個無需人類讓子就擊敗最高段職業棋士的電腦程式。AlphaGo 由英國人工智慧公司 DeepMind Technologies 開發，該公司於二〇一四年被 Google 收購。從技術上來看，AlphaGo 使用蒙地卡羅樹搜尋（Monte Carlo tree-search）演算法和人工神經網路來學習下棋。二〇一七年，名為 AlphaGo Zero 的新版程式不依賴人類比賽數據為參考，僅與自己對弈數百萬次就學會了下圍棋，接著迅速擊敗了 AlphaGo。從某種意義上說，AlphaGo Zero 在短短幾天內就發現，或說生成了人類累積數千年的洞察力、創造力和培訓狀態，然後發明出更卓越的技巧。

談起 AlphaGo 下棋時驚人的落子走法時，記者陳丹（Dawn Chan）這樣形容：「大家一致認同，那感覺彷彿像是有個天外文明為我們遺下了一份神祕指南、一本我們至少還有辦法理解其中某部分的絕妙示範手冊。」

**另可參考**

---

AlphaGo 電腦程式擊敗了韓國的李世乭，這是第一次有程式在不需被讓子的情況下擊敗九段的職業棋士。

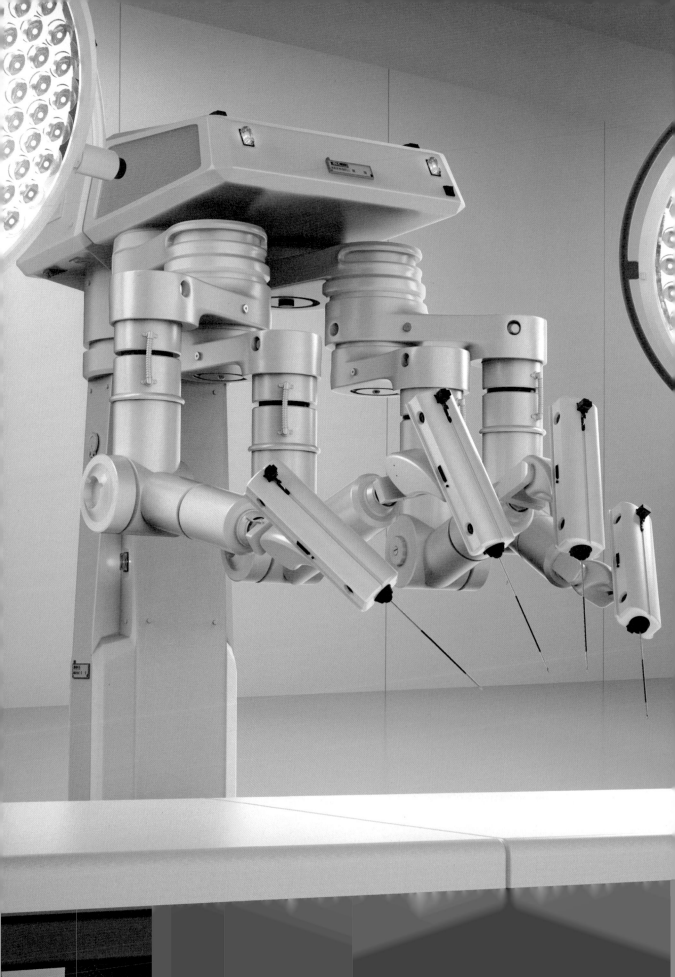

# 自主式機器人手術

一〇一六年，機器人手術系統「智慧組織自主機器人」（STAR, Smart Tissue Autonomous Robot）憑藉著自身的強化視覺、機器智能和靈巧性，展現了它縫合豬小腸的技能。與人類外科醫生相比，STAR 的縫合間距更加一致，而且手術後的腸道在接縫附近更不易有縫隙。做為「監督開刀手術」（supervised anatomy）的一例，STAR 的視覺系統利用了放置在腸組織上的近紅外線螢光標籤為輔助，讓攝影機循著腸組織進行拍攝。STAR 為縫合任務擬定了計畫，並能隨著腸組織的移動進行調整。

由於過去亮眼的研發進展，外科手術機器人的自主能力日益增進，使用機器人協助手術進行的情況愈來愈頻繁。機器人手術最常見的形式之一類似腹腔鏡手術，也稱為鑰匙孔手術或微創手術，這種通過小切口進行的手術有個頗受好評的優點，那就是能夠大大減少出血和疼痛，並縮短患者痊癒康復的時間。有了機器人手術，外科醫生不再得為了操縱那個插入體內的管狀設備，長時間懸停在病患身體上方，可以舒適地坐在控制臺，操縱著連接多支機器手臂的儀器，同時查看患者體內的 3D 成像。與腹腔鏡手術不同，機器人手術可減少外科醫生的手部顫抖，並縮減原本較大的手部動作，使細微的移動和操作更加準確。在遠距手術（telesurgery）這門新興領域中，連上高速通訊網路的機器人設施讓外科醫生待在另一個地點也可以為病人動手術。

二〇〇〇年，馬尼・梅農（Mani Menon，1948-）成為美國第一位使用機器人切除罹癌前列腺的外科醫生，他在同一年建立了美國第一家機器人執刀的前列腺切除手術中心。如今，機器人輔助腹腔鏡技術已應用於子宮切除、心臟二尖瓣修復、疝氣修補、膽囊切除等手術。在置換膝蓋關節、植髮和 Lasik 雷射近視矯正手術的過程中，也會使用機器人執行關鍵步驟。

## 另可參考
- 1942 年　奪命軍武機器人　P.75
- 1984 年　自動駕駛汽車　P.143
- 2019 年　人工智慧死亡預測程式　P.199

---

想像一下未來的外科手術：運用自身視覺系統和機器智能的自主性機器人在手術中負責的工作將日益吃重，能夠有效率地從電腦斷層或核磁共振掃描中取得訊息的它們，也許將成為手術室的主角。

# 人工智慧撲克牌軟體

二〇一七年有兩套不同的人工智慧程式取得了巨大的成功，在名為德州撲克（Texas Hold'Em）的遊戲中擊敗了人類職業玩家，成為許多新聞媒體津津樂道的話題。在此之前，人工智慧已在許多種遊戲（例如西洋棋和圍棋）中擊敗了人類，但那些遊戲都屬於**資訊完全**（perfect information）賽局，也就是玩家的視線不受遮擋，可以看到所有的棋子或牌面。但在德州撲克中，兩名以上的玩家一開始會被隨機分發到兩張牌，牌面朝下，每加入一組新的公共卡，玩家必須決定「下注、保留或放棄」桌上的賭注。遊戲中，玩家得到的**資訊不完全**，因此對電腦特別有挑戰性，還需要某種「直覺」來制定取勝策略。另一個挑戰是可能出現的大量牌局變化情況（大約一萬零一百六十種）。在無限注德州撲克（no-limit Hold 'Em）中，玩家通常會在多局過程中發展下注策略，並且經常嘗試虛張聲勢唬人（例如持有利的牌卻下小注，或者僅僅是為了混淆對手而下注）。

儘管挑戰不少，DeepStack 還是在一對一無限注德州撲克比賽中擊敗了職業玩家。這套人工智慧先使用深度學習，以數百萬個隨機生成的撲克遊戲與自己對戰，藉此訓練人工神經網路，同時開發出玩撲克的直覺。

二〇一七年還有關於另一套撲克牌人工智慧的新聞報導，這套名為 Libratus 的軟體在為期二十天的德州撲克比賽中擊敗了四名頂尖的人類玩家無數次。Libratus 沒有使用神經網路，而是利用一種不同的演算法，稱為**虛擬遺憾最小化**（counterfactual regret minimization，在每次模擬比賽之後，程式都會回顧自己的決策並找到改善策略的方法）。有趣的是，DeepStack 在筆記型電腦上就能運作，Libratus 則需要更精密的電腦硬體。

請注意，能處理不完全資訊的人工智慧可為現實世界許多方面做出貢獻，例如猜測房屋的最終售價，或為新車議價得到划算價格。有趣的是，具備各種技能的「撲克機器人」（撲克牌遊戲程式）已存在多年，但在人類的線上撲克牌遊戲中，通常不允許它們成為助手。

**另可參考**

---

二〇一七年，人工智慧程式在德州撲克比賽中擊敗了人類職業玩家。由於在遊戲當中，玩家得到的資訊並不完全，因此對電腦特別有挑戰性，還需要某種「直覺」才能制定取勝策略。

# 對抗圖樣貼布

**想**像一下，在你的襯衫上釘一枚鈕扣，或在停車標誌上貼一張貼紙，就能騙過人工智慧實體（如智能監控攝影機或自動駕駛汽車），使它將你或停車標誌誤認為是你想要它觀看的任何東西，這樣的情況是很可能發生的，也意味著人工智慧依賴機器學習及視覺或音訊系統來做決策的風險。

二〇一七年，Google 研究人員設計了帶有彩色迷幻圖案的圓形貼布，用以分散人工智慧圖像分類器的注意力。當貼布放置在辨識對象附近時，可能會讓人工智慧系統將香蕉（或幾乎任何對象）誤認為是烤麵包機之類的東西。過去以其他方法進行的實驗也欺騙了人工智慧系統，使它們誤認烏龜是步槍、把步槍看作直升機。即使人類可以清楚地看出對抗圖樣貼布（adversarial patch），但若使用奇怪的圖案（比如漆在建築物側面的圖畫或複雜的 3D 雕塑）也可能被誤以為是藝術品，如此一來看見者不覺有異，卻不知道這種圖樣會使無人機將醫院當成軍事攻擊目標。

也有實驗誤導人工智慧系統，讓它將停車標誌誤歸類為限速標誌。過去有一些研究的重點擺在人類也無法察覺的變化上，例如改變圖片中的幾個像素。二〇一八年，加州大學柏克萊分校的研究人員為語音辨識系統構建了對抗音訊的範例。換句話說，不管研究人員收到什麼音訊波形，都有辦法製作出幾乎相同的波形，進而使語音轉文字的系統將該波形轉譯成研究人員所選擇的任何詞語。

「對抗式機器學習」（Adversarial machine learning）研究會在人工智慧學習時操縱訓練數據。儘管可以要求人工智慧系統使用多個分類器系統，或者設法為它們編寫程式，使其在訓練過程中不受對抗樣本的干擾，以阻止某些對抗干擾手段，但許多人工智慧應用程式中都有潛在風險。

**另可參考**

- 1942 年　奪命軍武機器人　P.75
- 1959 年　機器學習　P.99
- 1976 年　人工智慧倫理　P.135
- 1984 年　自動駕駛汽車　P.143

---

研究人員已證明，在視覺人工智慧系統的視野中放置有迷離變幻圖樣的圓形貼布，可以欺騙它們將香蕉誤認為烤麵包機，凸顯了將人工智慧用於某些應用程式的潛在風險。

# United States Patent [19]

Rubik

[11] **4,378,116**

[45] **Mar. 29, 1983**

[54] **SPATIAL LOGICAL TOY**

[75] Inventor: **Ernö Rubik**, Budapest, Hungary

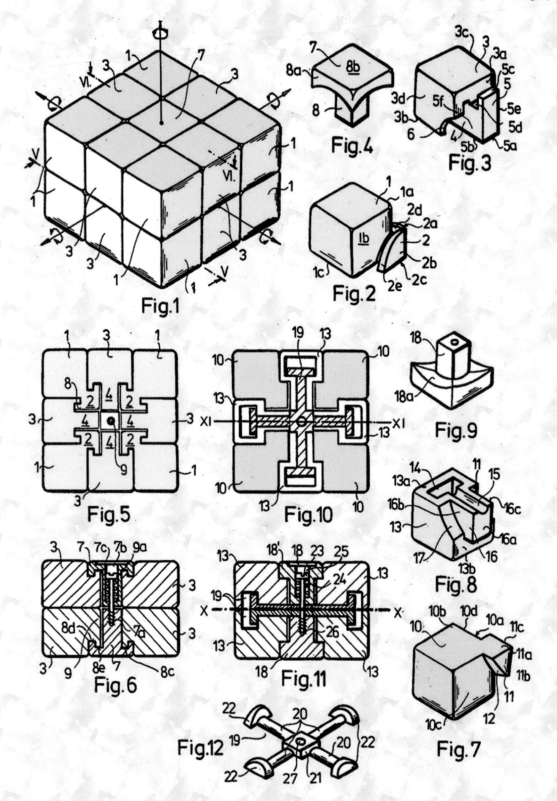

Fig.1

Fig.2

Fig.3

Fig.4

Fig.5

Fig.6

Fig.7

Fig.8

Fig.9

Fig.10

Fig.11

Fig.12

# 魔術方塊機器人

**對**於人工智慧工程師來說，製造出能夠利用電腦視覺和實際操作破解魔術方塊的機器人，一直是個讓人躍躍欲試的挑戰，多年來也為此開發了許多不同的機器人。魔術方塊最早由匈牙利發明家厄爾諾·魯比克（Ernő Rubik，1944-）於一九七四年研發，光是一九八二年在匈牙利就售出一千萬顆（比該國人口還多）。至今估計全球銷售量超過一億顆。

魔術方塊是由長寬高各三顆小立方體組成的立體方塊，小立方體表面塗的色彩與配置使其組成之大方塊的六個面有六種不同的顏色。二十六個表面小方塊的內部則由鉸鏈連接，因此大方塊的六個面可以旋轉。遊戲目標是設法轉動各層，使各面顏色已混亂的方塊恢復到每一面只有單一顏色的狀態。小立方體有 43,252,003,274,489,856,000 種不同的可能排列情況，卻只有一種初始狀態，也就是不同顏色各自在六個面上。如果每種符合規則出現的排列方式都以一顆魔術方塊代表，總量可以覆蓋整顆地球（包括海洋）約二百五十次。

二〇一〇年，研究人員證明，不管一開始小方塊如何分配，破解魔術方塊都不需要轉動超過二十次。二〇一八年，動作靈敏的「魯比克神奇工具」（Rubik's Contraption）機器人終於突破了半秒的極限，僅花〇·三八秒就解開了色彩混亂的方塊，在〇·三八秒內擷取圖像、完成運算和移動。麻省理工學院體機械人工學的學生班·卡茲（Ben Katz）和軟體開發人員傑瑞·迪·卡羅（Jared Di Carlo）使用了六臺科摩根圓盤伺服馬達（Kollmorgen ServoDisc motor）與所謂的柯西姆巴二階演算法（Kociemba two-phase algorithm）。相比之下，二〇一一年的機器人世界紀錄是十·六九秒。同樣在二〇一八年，終於有深度學習機器在沒有人類知識輸入的情況下，利用強化學習，自行學會了如何解魔術方塊。

還有種變化版的魔術方塊在玩具店的貨架上看不到，那就是四維魔術方塊：魯比克超立方體（Rubik's tesseract）。魯比克超立方體中的小方塊排列方式總數達到驚人的 $1.76 \times 10^{120}$ 種。如果自宇宙誕生以來，魔術方塊或其超立方體每秒都旋轉一層變換位置，那麼即使一直旋轉到現在，都還沒辦法把所有可能的表面分布變化展現完。

## 另可參考

- 1883 年　河內塔　P.53
- 1951 年　強化學習　P.87
- 1966 年　機器人 Shakey　P.117
- 2000 年　ASIMO 與伙伴們　P.169

---

魯比克於一九八三年申請的美國專利第四三七八一一六號「空間邏輯玩具」，此為內部結構示意圖。

XIII

40 DEATH ♏

# 人工智慧死亡預測程式

二〇一六年，史丹佛大學的研究人員已有辦法訓練出一套人工智慧系統，能夠準確預測一個人是否會在三到十二個月內死亡。這套引人注目的應用程式列入本書中，代表了人工智慧和深度學習在未來的世界將扮演各式各樣的角色。

安寧照護通常能在病患確診病情為末期且無法治癒時，為患者緩解疼痛、壓力和其他症狀。對於病人、其家人和看護者來說，知道何時有權要求這類特殊護理可能是有益的，也有助於確定何時實施的效果最好。為了建立人工智慧「死亡風險演算法」，史丹佛大學的研究小組採用了大約十七萬名因癌症、心臟病和神經系統疾病而喪生的病患資料。取自醫療紀錄中的各種資訊（包括疾病診斷書、醫療程序、醫療掃描代碼、處方藥等）被輸入人工智慧系統中當作「教材」，接著讓深層神經網絡接受訓練，並針對神經元單位調整各種內部權重。該深度神經網絡利用了一個 13,654 維（如診斷和藥物的代碼）的輸入層、十八個隱藏層（每個有 512 維）和一個純數值輸出層（scalar output layer）。

最後，被評估將在三到十二個月內死亡的人，有十分之九確實在此時間範圍內過世，而演算法確定剩餘壽命不只十二個月的人中，有九十五％的確活得更久。但是，正如醫師辛達塔・穆克吉（Siddhartha Mukherjee）在最近刊載於《紐約時報》的文章中所陳述的：「（深度學習系統）能學習，卻無法告訴我們它為什麼要學習；它分配概率，卻很難表達如此分配背後的理由。就像一個孩子反覆練習，不斷嘗試錯誤後學會了騎自行車，當有人問他騎自行車前進的原理，他只會聳聳肩就騎車走人了，當我們問『為什麼？』時，演算法彷彿眼神空無地看著我們，它就像死亡本身，是另一個神祕黑盒子。」儘管如此，這類人工智慧死亡預測程式的相關研究仍持續進行。二〇一九年，諾丁漢大學的研究團隊表示，機器學習將人口統計、生物計量、臨床診治和生活方式等因素都納入評估依據，對於過早死亡（premature death）的預測精確度優於傳統方法。

**另可參考**

- 1965 年　深度學習　P.115
- 1976 年　人工智慧倫理　P.135
- 2016 年　自主式機器人手術　P.191

---

研究人員已經訓練了一套能夠準確預測一個人是否會在三到十二個月內死亡的人工智慧系統。如果能夠預知自己的死期，或者只是年分，你會選擇提前知道嗎？

# 參考資料

「人工智慧是演化的下一步，但這是全然不同的一步……一部人工智慧裝置不僅能將所知道的一切傳達給另一部，就像人類老師可以告訴學生他所知道的部分知識一樣，它也可以告訴另一部裝置關於自身構成設計的所有資訊……基本上，人的思維不像神，也不像電腦，最類似的其實是黑猩猩的頭腦，〔構造方式〕適合用於在叢林中或野外生存。」

——潘蜜拉・麥可杜克《會思考的機器》一書中引述
愛德華・弗雷德金（Edward Fredkin）的談話


　　我整理了以下參考讀物清單，列出一些我研究和編寫本書時所用的資料，並提供了引用來源。許多讀者都知道，網站時常變動，有時網址會更改，有些網站會消失。撰寫本書時，此處列出的網站位址提供了我寶貴的背景知識。在探索任何主題時，像維基百科（en.wikipedia.org）這類線上資源是相當有用的起點，我有時會將它與其他網站、書籍和研究論文一起當作展開書寫的基礎。

　　如果您發現某些與人工智慧相關的歷史時刻，其趣味或重要性值得好好深入賞析，卻在本書被忽略了，請告訴我，只需連結到我的網站（pickover.com），再發送電子郵件說明您的想法，以及就您所知它對世界的影響程度即可。本書在未來改版時可能會增加一些條目，以整頁篇幅說明以下這些關於人工智慧的神奇事物：「**洛可的蛇怪**（Roko's Basilisk）」**思想實驗**、**生成對抗網路**、**神經形態運算**（neuromorphic computing）、**貝葉斯網路**（Bayesian networks）、影集**《西方極樂園》**（Westworld）、一九八三年的電影**《戰爭遊戲》**（WarGames）、**長短期記憶網路**（LSTM [long short-term memory] networks）等。

　　最後，我要感謝本書的編輯梅瑞迪斯・海爾（Meredith Hale）和約翰・梅爾斯（John Meils），以及丹尼斯・高登（Dennis Gordon）、湯姆・艾瑞克森（Tom Erickson）、麥可・佩羅（Michael Perrone）、忒雅・克拉瑟（Teja Krasek）和保羅・莫斯科維茨（Paul Moskowitz），他們的評論和建議對本書甚有助益。

## 參考書目

- Crevier, D., *AI* (New York: Basic Books, 1993).
- Dormehl, L., *Thinking Machines* (New York: Tarcher, 2017).
- McCorduck, P., *Machines Who Think* (Natick, MA: A. K. Peters, 2004).
- Nilsson, N., *The Quest for Artificial Intelligence* (New York: Cambridge University Press, 2010).
- Riskin, J., *The Restless Clock* (Chicago: University of Chicago Press, 2016).
- Truitt, E., *Medieval Robots* (Philadelphia: University of Pennsylvania Press, 2015).
- Walsh, T., *Machines That Think* (London: C. Hurst & Co., 2017).

## 參考資料

### 序言

- Hambling, D., "Lethal logic," *New Scientist*, vol. 236, no. 3151, p. 22, Nov. 11–17, 2017.
- Reese, M., "Aliens, Very Strange Universes and Brexit—Martin Rees Q&A," *The Conversation*, April 3, 2017, http://tinyurl.com/mg3w6ez
- Truitt, E., *Medieval Robots* (Philadelphia: University of Pennsylvania Press, 2015).
- "Visual Trick Has AI Mistake Turtle for Gun," *New Scientist*, vol. 236, no. 3151, p. 19, November 11–17, 2017.

### 約西元前 400 年：塔羅斯

- Haughton, B., *Hidden History: Lost Civilizations, Secret Knowledge, and Ancient Mysteries* (Franklin Lakes, NJ: New Page Books, 2007).

### 約西元前 250 年：克特西比烏斯的水鐘

- Dormehl, L., Thinking Machines (New York: Tarcher, 2017).

### 約西元前 190 年：計算板／算盤

- Ewalt, D., "No. 2 The Abacus," *Forbes*, August 30, 2005, http://tinyurl.com/yabaocr5
- Krimmel, J., "Artificial Intelligence Started with the Calendar and Abacus," 2017, https://tinyurl.com/y5tnoxbl

### 約西元前 125 年：安提基特拉機械

- Garnham, A., *Artificial Intelligence: An Introduction* (London: Routledge, 1988).
- Marchant, J., "The Antikythera Mechanism: Quest to Decode the Secret of the 2,000-Year-Old Computer," March 11, 2009, http://tinyurl.com/ca8ory

### 1206 年：加札里的機器人

- Hill, D., *Studies in Medieval Islamic Technology*, ed. D. A. King (Aldershot, Great Britain: Ashgate, 1998).

### 約 1220 年：蘭斯洛特的銅騎士

- Riskin, J., *The Restless Clock* (Chicago: University of Chicago Press, 2016).
- Truitt, E., *Medieval Robots* (Philadelphia: University of Pennsylvania Press, 2015).

### 約 1300 年：埃丹機械莊園

- Bedini, S., "The Role of Automata in the History of Technology," *Technology and Culture*, vol. 5, no. 1, pp. 24–42, 1964.
- Lightsey, S., *Manmade Marvels in Medieval Cultures and Literature* (New York: Palgrave, 2007).

### 約 1305 年：拉蒙・柳利的《偉大之術》

- Dalakov, G., "Ramon Llull," http://tinyurl.com/ybp8rz28
- Gray, J., "'Let us Calculate!': Leibniz, Llull, and the Computational Imagination," http://tinyurl.com/h2xjn7j
- Gardner, M., *Logic Machines and Diagrams* (New York: McGraw-Hill, 1958).
- Madej, K., *Interactivity, Collaboration, and Authoring in Social Media* (New York: Springer, 2016).
- Nilsson, N., *The Quest for Artificial Intelligence* (New York: Cambridge University Press, 2010).

### 1352 年：宗教用的自動機器

- Coe, F., *The World and Its People, Book V, Modern Europe*, ed. L. Dunton (New York: Silver, Burdett, 1896).

– Fraser, J., *Time, the Familiar Stranger* (Amherst: University of Massachusetts Press, 1987).

### 約 1495 年：達文西的機械武士

– Phillips, C., and S. Priwer, *The Everything Da Vinci Book* (Avon, MA: Adams Media, 2006).
– Rosheim, M., *Leonardo's Lost Robots* (New York: Springer, 2006).

### 1580 年：魔像

– Blech, B., "Stephen Hawking's Worst Nightmare? Golem 2.0" (tagline), *The Forward*, January 4, 2015, http://tinyurl.com/yats534k

### 1651 年：霍布斯的《利維坦》

– Dyson, G., Darwin *among the Machines* (New York: Basic Books, 1997).

### 1714 年：心智工廠

– Bostrom, N., "The Simulation Argument: Why the Probability that You Are Living in a Matrix is Quite High." *Times Higher Education Supplement*, May 16, 2003, http://tinyurl.com/y8qorjcf
– Moravec, H., "Robot Children of the Mind." In David Jay Brown's *Conversations on the Edge of the Apocalypse* (New York: Palgrave, 2005).

### 1726 年：拉格多城的書寫機器

– Weiss, E., "Jonathan Swift's Computing Invention." *Annals of the History of Computing*, vol. 7, no. 2, pp. 164–165, 1985.

### 1738 年：德·沃康松的自動便便鴨

– Glimcher, P., *Decisions, Uncertainty, and the Brain: The Science of Neuroeconomics.* (Cambridge, MA: MIT Press, 2003).
– Riskin, J., "The Defecating Duck, or, the Ambiguous Origins of Artificial Life." *Critical Inquiry*, vol. 29, no. 4, pp. 599–633, 2003.

### 1770 年：機械土耳其人

– Morton, E., "Object of Intrigue: The Turk, a Mechanical Chess Player that Unsettled the World." August 18, 2015, http://tinyurl.com/y72aqfep

### 1774 年：雅克－德羅的機器人

– Lorrain, J., *Monsieur De Phocas* (trans. F. Amery) (Sawtry, Cambridgeshire, UK: Dedalus, 1994).
– Riskin, J., *The Restless Clock* (Chicago: University of Chicago Press, 2016).

### 1818 年：《科學怪人》

– D'Addario, D., "The Artificial Intelligence Gap Is Getting Narrower," *Time*, October 10, 2017, http://tinyurl.com/y8g5bu5o
– Gallo, P., "Are We Creating a New Frankenstein?" *Forbes*, March 17, 2017, http://tinyurl.com/ycsdr6gt

### 1821 年：機算創造力

– Colton, S., and G. Wiggins, "Computational Creativity: The Final Frontier?" In *Proceedings of the 20th European Conference on Artificial Intelligence*, 2012.

### 1854 年：布爾代數

– Titcomb, J., "Who is George Boole and Why is He Important?" *The Telegraph*, November 2, 2015, http://tinyurl.com/yb25t8ft

### 1863 年：〈機器中的達爾文〉

– Wiener, N., "The Machine Age," 1949 unpublished essay for the *New York Times*, http://tinyurl.com/ybbpeydo

### 1868 年：《草原上的蒸汽動力人》

– Liptak, A., "Edward Ellis and the Steam Man of the Prairie," *Kirkus*, November 6, 2015, http://tinyurl.com/yadhxn7t

### 1907 年：TIK-TOK

– Abrahm, P., and S. Kenter, "Tik-Tok and the Three Laws of Robotics," *Science Fiction Studies*, vol. 5, pt. 1, March 1978, http://tinyurl.com/ybm6qv2y
– Goody, A., *Technology, Literature and Culture* (Malden, MA: Polity Press, 2011).

**1920 年：《羅素姆萬能機器人》**
- Floridi, L., *Philosophy and Computing* (New York: Taylor & Francis, 2002).
- Stefoff, R., *Robots* (Tarrytown, NY: Marshall Cavendish Benchmark, 2008).

**1927 年：《大都會》**
- Lombardo, T., *Contemporary Futurist Thought* (Bloomington, IN: AuthorHouse, 2008.)

**1942 年：艾西莫夫的機器人三大法則**
- Markoff, J., "Technology: A Celebration of Isaac Asimov," *New York Times*, April 12, 1992, http://tinyurl.com/y9gevq6t

**1943 年：人工神經網路**
- Lewis-Kraus, G., "The Great A.I. Awakening," *New York Times Magazine*, December 14, 2016, http://tinyurl.com/gue4pdh

**1950 年：《人有人的用處：控制論與社會》**
- Crevier, D., *AI* (New York: Basic Books, 1993).
- Wiener, N., *The Human Use of Human Beings* (London: Eyre & Spottiswoode, 1950).

**1952 年：語音辨識**
- "Now We're Talking: How Voice Technology is Transforming Computing," *The Economist*, January 7, 2017, http://tinyurl.com/yaedcvfg

**1954 年：自然語言處理**
- "701 Translator," IBM Press Release, January 8, 1954, http://tinyurl.com/y7lwblng

**1956 年：達特茅斯人工智慧研討會**
- Dormehl, L., *Thinking Machines* (New York: Tarcher, 2017).
- McCorduck, P., *Machines Who Think* (Natick, MA: A. K. Peters, 2004).

**1957 年：超人類主義**
- Huxley, J., *New Bottles for New Wine* (London: Chatto & Windus, 1957).

**1959 年：知識表示和推理**
- Nilsson, N., *The Quest for Artificial Intelligence* (New York: Cambridge University Press, 2010).

**1964 年：心理治療師 ELIZA**
- Weizenbaum, J., "ELIZA—A Computer Program for the Study of Natural Language Communication Between Man and Machine," *Communications of the ACM*, vol. 9, no. 1, pp. 36–45, 1966.

**1964 年：臉部辨識**
- West, J., "A Brief History of Face Recognition," http://tinyurl.com/y8wdqsbd

**1965 年：專家系統**
- Dormehl, L., *Thinking Machines* (New York: Tarcher, 2017).

**1965 年：模糊邏輯**
- Carter, J., "What is 'Fuzzy Logic'?" *Scientific American*, http://tinyurl.com/yd24gngp

**1965 年：深度學習**
- Fain, J., "A Primer on Deep Learning," *Forbes*, December 18, 2017, http://tinyurl.com/ybwt9qp3

**1967 年：活在擬仿之境**
- Davies, P., "A Brief History of the Multiverse," *New York Times*, 2003, http://tinyurl.com/y8fodeoy.
- Koebler, J., "Is the Universe a Giant Computer Simulation?" http://tinyurl.com/y9lluy7a
- Reese, M., "In the Matrix," http://tinyurl.com/y9h6fjyx.

Istvan, Z., "The Morality of Artificial Intelligence and the Three Laws of Transhumanism," *Huffington Post*, http://tinyurl.com/ycpx9bwa
- Pickover, C., *A Beginner's Guide to Immortality* (New York: Thunder's Mouth Press, 2007).

**1972 年：偏執狂 PARRY**

– Wilks, Y., and R. Catizone, "Human-Computer Conversation," arXiv:cs/9906027, June 1999, http://tinyurl.com/y7erxtxm

**1975 年：遺傳演算法**

– Copeland, J., *The Essential Turing* (New York: Oxford University Press, 2004).
– Dormehl, L., *Thinking Machines* (New York: Tarcher, 2017).

**1979 年：被擊敗的雙陸棋冠軍**

– Crevier, D., AI (New York: Basic Books, 1993).

**1982 年：《銀翼殺手》**

– Guga, J., "Cyborg Tales: The Reinvention of the Human in the Information Age," in *Beyond Artificial Intelligence* (New York: Springer, 2015).
– Littman, G., "What's Wrong with Building Replicants?" in *The Culture and Philosophy of Ridley Scott* (Lanham, MD: Lexington).

**1984 年：自動駕駛汽車**

– Lipson, H., and M. Kurman, *Driverless* (Cambridge, MA: MIT Press, 2016).

**1986 年：群體智慧**

– Jonas, David, and Doris Jonas, *Other Senses, Other Worlds* (New York: Stein and Day, 1976).

**1988 年：莫拉維克悖論**

– Elliott, L., "Robots Will Not Lead to Fewer Jobs—But the Hollowing Out of the Middle Class." *The Guardian*, August 20, 2017, http://tinyurl.com/y7dnhtpt
– Moravec, H., *Mind Children* (Cambridge, MA: Harvard University Press, 1988).
– Pinker, S., *The Language Instinct* (New York: William Morrow, 1994).

**1990 年：〈大象不下棋〉**

– Brooks, R., "Elephants Don't Play Chess," *Robotics and Autonomous Systems*, vol. 6, pp. 139–159, 1990.

– Shasha, D., and C. Lazere, *Natural Computing* (New York: Norton, 2010).

**1993 年：萬無一失的「人工智慧隔離箱」**

– Readers may wish to become familiar with the concept of Roko's Basilisk, a thought experiment in which future AI systems retaliate against people who did not bring the AI systems into existence. In many versions of Roko's Basilisk, AIs retroactively punish people by torturing simulations of these people.
– Vinge, V., "The Coming Technological Singularity." VISION-21 Symposium, March 30–31, 1993.

**1994 年：西洋跳棋與人工智慧**

– Madrigal, A., "How Checkers Was Solved." *The Atlantic*, July 19, 2017, http://tinyurl.com/y9pf9nyd

**1997 年：深藍擊敗西洋棋冠軍**

– Webermay, B., "Swift and Slashing, Computer Topples Kasparov." May 12, 1997, http://tinyurl.com/yckh6xko

**2000 年：ASIMO 與伙伴們**

– Wiener, N., *God and Golem* (Cambridge, MA: MIT Press, 1964).

**2001 年：史蒂芬・史匹柏的《A.I. 人工智慧》**

– Gordon, A., *Empire of Dreams: The Science Fiction and Fantasy Films of Steven Spielberg* (New York: Rowman & Littlefield, 2007).

**2002 年：掃地機器人 Roomba**

– Reel, M., "How the Roomba Was Realized." *Bloomberg*, October 6, 2003, http://tinyurl.com/yd4epat4

**2002 年：破解西非播棋遊戲**

– Romein, J., and H. Bal, "Awari is Solved." *ICGA Journal*, September 2002, pp. 162–165.

### 2003 年：迴紋針極大量產災難

– It should be noted that AI researcher Eliezer Yudkowsky (b. 1979) has said that the paperclip maximizer idea may have originated with him. See the podcast "Waking Up with Sam Harris #116—AI: Racing Toward the Brink" (with Eliezer Yudkowsky).

### 2006 年：Quackle 取得拼字遊戲勝利

– Anderson, M., "Data Mining Scrabble." *IEEE Spectrum*, vol. 49, no. 1, p. 80.

### 2011 年：華生在「危險邊緣」亮相

– Jennings, K., "My Puny Human Brain." *Slate*, Feb. 16, 2011, http://tinyurl.com/86xbqfq

### 2015 年：〈叫它們人造外星人〉

– Kelly, K., "Call them Artificial Aliens," in Brockman, J., ed., *What to Think About Machines That Think* (New York: Harper, 2015).

### 2015 年：火星上的人工智慧

– Fecht, S., "The Curiosity Rover and Other Spacecraft Are Learning to Think for Themselves." *Popular Science*, June 21, 2017, http://tinyurl.com/y895pq6k,
– Koren, M., "The Mars Robot Making Decisions On Its Own," *The Atlantic*, June 23, 2017, http://tinyurl.com/y8s8alz6

### 2016 年：圍棋霸主 AlphaGo

– Chan, D., "The AI That has Nothing to Learn from Humans." *The Atlantic*, October 20, 2017. http://tinyurl.com/y7ucmuzo
– Ito, J., and J. How, *Whiplash: How to Survive Our Faster Future* (New York: Grand Central Publishing, 2016).

### 2018 年：對抗圖樣貼布

– Brown, T., et al., "Adversarial Patch," 31st Conference on Neural Information Processing Systems (NIPS), Long Beach, CA, 2017.

### 2019 年：人工智慧死亡預測程式

– Avati, A., et al., "Improving Palliative Care with Deep Learning," *IEEE International Conference on Bioinformatics and Biomedicine (BIBM)*, Kansas City, MO, pp. 311–316, 2017.
– Mukherjee, S., "This Cat Sensed Death. What if Computers Could, Too?" *New York Times*, January 3, 2018, http://tinyurl.com/yajko6pv
– Rajkomar, A., et al., "Scalable and accurate deep learning with electronic health records," *npj Digital Medicine,* vol. 1, no. 18, 2018, http://tinyurl.com/ych74oe5

# 圖片出處

由於書中有些古老又稀有的圖片很難取得清晰好辨識的版本，有時我會自行以圖像處理技術來抹除汙垢和刮痕，增強褪色的部分，並偶爾為黑白圖片稍微著色，如此可突出細節或讓圖像更具吸引力。我希望有史料潔癖的人能夠原諒這些輕微的美化效果，並理解我的目標是創作一本具有審美趣味、能吸引廣大群眾的書籍。關於人工智慧的眾多主題之深度和多元令人難以置信，我對它們的熱愛透過照片和圖畫應該顯而易見。

- **Alamy**：The Advertising Archives：第 72 頁；David Fettes：第 154 頁；richterfoto：第 152 頁；Science Photo Library：第 128 頁
- **Courtesy of International Business Machines Corporation, © (1962) International Business Machines Corporation**：第 88 頁
- **Courtesy of Universal Studios Licensing LLC**：前扉、第 126 頁
- **Cyclopaedia**：Abraham Rees：第 6 頁
- **Gallica**：Robert de Boron：第 14 頁；Guillaume de Machaut：第 16 頁
- **Internet Archive**：J.J. Grandville：第 30 頁；Ramon Llull：第 18 頁
- **iStock/Getty Images Plus**：ChubarovY：第 195 頁；in-future：第 195 頁；Kickimages：第 138 頁；Paulbr：第 158 頁；Vera Petruk：第 198 頁；PhonlamaiPhoto：第 190 頁；JIRAROJ PRADITCHAROENKUL：第 76 頁；Rouzes：第 110 頁；sergeyryzhov：第 8 頁；Soifer：第 192 頁；Vladimir Timofeev：第 156 頁
- **Getty**：Al Fenn：第 90 頁；Kyodo News/Contributor：第 168 頁；The Washington Post/Contributor：第 180 頁；Westend61：第 82 頁
- **Google Research Team**：第 194 頁
- **Library of Congress**：Charles Verschuuren：第 64 頁
- **New York World's Fair 1939-1940 records, Manuscripts and Archives Division, The New York Public Library/Mansfield Memorial Museum**：書名頁、第 68 頁
- **Scientific American**：第 136 頁
- **Shutterstock**：7th Son Studio：第 146 頁；Charles Adams：第 124 頁；Berke：第 170 頁；Black Moon：第 44 頁；第 gualtiero boffi：第 122 頁；Willyam Bradberry：封面、後扉、第 48 頁；camilla$$：第 178 頁；Chesky：第 142 頁；Esteban De Armas：第 74 頁；Digital Storm：第 184 頁；Dmitry Elagin：第 52 頁；Leonid Eremeychuk：第 134 頁；Evannovostro：第 114 頁；Everett Historical：第 78 頁；Ilterriorm：第 166 頁；Eugene Ivanov：第 24 頁；Ala Khviasechka：第 xii 頁；Anastasiia Kucherenko：第 120 頁；MicroOne：第 86 頁；Morphart Creation：第 26 頁；MossStudio：第 98 頁；NadyaEugene：第 150 頁；Nor Gal：第 164 頁；Ociacia：第 96 頁；Phonlamai Photo：第 60 頁、第 84 頁、第 108 頁；Photobank gallery：第 46 頁；PHOTOCREO/Michal Bednarek：版權頁、第 102 頁；Saran_Poroong：第 188 頁；Glenn Price：第 176 頁；Quality Stock Arts：第 174 頁；

# 中英對照與索引

人文科學系列 076

# AI 之書：圖解人工智慧發展史
## Artificial intelligence: an illustrated history from medieval robots to neural networks

作　　者 — 柯利弗德‧皮寇弗（Clifford A. Pickover）
譯　　者 — 林柏宏
主　　編 — 邱憶伶
責任編輯 — 陳詠瑜
行銷企畫 — 林欣梅
封面設計 — 李莉君
內頁設計 — 張靜怡

編輯總監 — 蘇清霖
董 事 長 — 趙政岷
出 版 者 — 時報文化出版企業股份有限公司
　　　　　　108019 臺北市和平西路三段 240 號 3 樓
　　　　　　發行專線 — (02) 2306-6842
　　　　　　讀者服務專線 — 0800-231-705‧(02) 2304-7103
　　　　　　讀者服務傳真 — (02) 2304-6858
　　　　　　郵撥 — 19344724 時報文化出版公司
　　　　　　信箱 — 10899 臺北華江橋郵局第 99 號信箱
時報悅讀網 — http://www.readingtimes.com.tw
電子郵件信箱 — newstudy@readingtimes.com.tw
時報出版愛讀者粉絲團 — https://www.facebook.com/readingtimes.2

法律顧問 — 理律法律事務所　陳長文律師、李念祖律師
印　　刷 — 和楹印刷股份有限公司
初版一刷 — 2020 年 8 月 14 日
定　　價 — 新臺幣 680 元
（缺頁或破損的書，請寄回更換）

時報文化出版公司成立於 1975 年，
1999 年股票上櫃公開發行，2008 年脫離中時集團非屬旺中，
以「尊重智慧與創意的文化事業」為信念。

AI 之書：圖解人工智慧發展史／柯利弗德‧皮寇弗
（Clifford A. Pickover）著；林柏宏譯 . -- 初版 . --
臺北市：時報文化，2020.08
240 面；19×26 公分 . -- （人文科學系列；76）
譯自：Artificial intelligence: an illustrated history
　　　from medieval robots to neural networks.

ISBN 978-957-13-8297-5（平裝）

1. 人工智慧　2. 技術發展　3. 歷史

312.83　　　　　　　　　　　　　　109010241

ISBN 978-957-13-8297-5
Printed in Taiwan

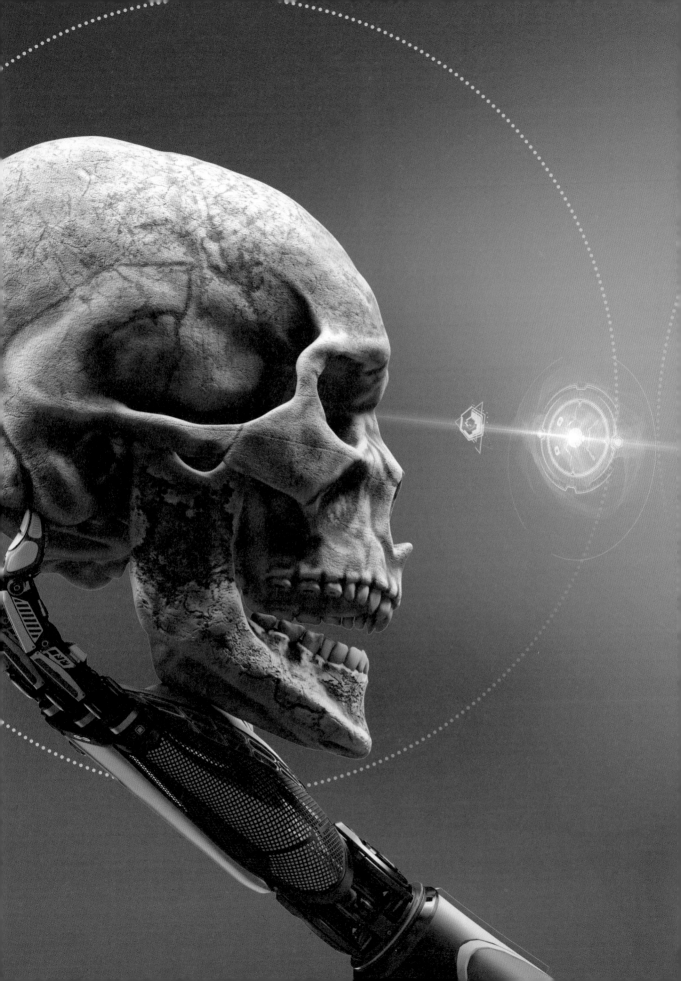